清水混凝土施工工艺标准

中国建筑工程总公司 编

中国建筑工业出版社

图书在版编目（CIP）数据

清水混凝土施工工艺标准/中国建筑工程总公司编.
北京：中国建筑工业出版社，2005
 ISBN 7-112-07240-9

Ⅰ.清… Ⅱ.中… Ⅲ.混凝土施工-标准-中国
Ⅳ.TU755—65

中国版本图书馆 CIP 数据核字（2005）第 014124 号

清水混凝土施工工艺标准
中国建筑工程总公司　编

*

中国建筑工业出版社出版、发行(北京西郊百万庄)
新　华　书　店　经　销
北京同文印刷有限责任公司印刷

*

开本：850×1168毫米　1/32　印张：6⅛　字数：164千字
2005年3月第一版　2005年3月第一次印刷
印数：1—8000册　定价：**17.00**元
ISBN 7-112-07240-9
TU·6468（13194）

版权所有　翻印必究
如有印装质量问题，可寄本社退换
（邮政编码　100037）

本社网址：http://www.china-abp.com.cn
网上书店：http://www.china-building.com.cn

本书系统、全面介绍清水混凝土施工工艺标准，严格按照国家标准的格式撰写，依据最新的建筑工程施工质量验收规范编写而成。主要内容包括：总则；术语、符号；基本规定；施工准备；施工工艺；混凝土质量验收标准；产品保护；安全保护；质量记录；八个清水混凝土施工案例等。

本书可作为施工企业生产操作的技术依据、项目工程施工方案和技术交底的蓝本，是工程技术人员和管理人员必备的参考书。

* * *

责任编辑：郭 栋
责任设计：赵 力
责任校对：关 健

序

　　发展节能与绿色建筑是建设领域贯彻"三个代表"重要思想和十六大精神，认真落实以人为本，全面、协调、可持续的科学发展观，统筹经济社会发展、人与自然和谐发展的重要举措。清水混凝土工程正是系列绿色建筑的一种，它坚持以混凝土一次成型，不做任何修饰，浑然天成的效果，体现出"素面朝天"的品位。它将环保理念贯穿于整个建设施工过程，摒弃了各类华丽的建筑装饰材料，但其建筑风格中所独有的厚重与清雅是其他现代建筑材料无法效仿和媲美的。清水混凝土建筑是实现高效率地利用资源并最低限度地影响环境的生态建筑。

　　因为清水混凝土工程是使原本隐藏在内部的混凝土作为外装饰效果全面显露出来，这对传统意义上的普通混凝土工艺提出了极大的挑战。其施工难度之大，可变因素之多，使得清水混凝土曾经是国内建筑领域少人涉足的一片神秘之地。中建总公司以"人无我有，人有我优"的科技创新理念为指导，并将建造节能和绿色建筑作为本企业一项刻不容缓的工作来抓。通过不懈努力，打破了清水混凝土在国内施工效果不佳的坚冰，涌现出了一批清水混凝土项目成功范例：在北京联想研发基地，中建总公司在国内率先成功实现了大面积清水混凝土建筑工程的施工；在北京宝源商务公寓，中建人又一次实现了建造"原汁原味的清水混凝土住宅"的梦想；郑州会展中心清水混凝土施工展开面积总计达到了近七万平方米；"中国建筑"承建的其他清水混凝土建筑也同样为中国城市建设增抹了多道亮丽的风景。

　　这些清水混凝土项目均是中建人在无任何标准可依，国内无任何成功施工方法可以借鉴的情况下，利用自身的智慧、经验和努力来完成的。近年来，中建总公司以科学发展观为指导，紧紧抓住全面建设小康社会机遇期，围绕"一最两跨"的发展目标，走可持续发展之路。并一直秉承"科学技术是第一生产力"这一基本观点，将科技进步与企业的经营发展紧密结合，依靠科技创新不断增强企业核心竞争力。清水混凝土的成功案例正是中建总公司差异化竞争优势的体现。

中建总公司还一直担负着引领行业发展的重任。该标准的出版打破了中国建筑行业无清水混凝土标准可依的现状，同时对清水混凝土概念提出了独到的并有说服力的见解，对于统一业内说法不一的清水混凝土概念做出了积极的贡献。该标准立足于提升整个行业清水混凝土施工技术为目的，除了对清水混凝土的概念及验收标准做出了规定外，还在标准的叙述中增加了对整个清水混凝土施工过程的描述，这些都是中建总公司通过多年施工过程积累的独有的施工优势，它对于指导整个建筑行业清水混凝土项目的施工，提升整个行业的清水混凝土建筑施工技术水平有着非常重要的现实意义。

中建总公司技术标准化委员会

编写委员会

主任：郭爱华、刘锦章
主编单位：中建总公司科技与设计管理部
参与编写单位：中建三局（北京）　中建国际建设公司　中建一局（集团）有限公司
主编：毛志兵
副主编：张金序、张良杰、周鹏华、吴月华
执行编辑：张晶波
审定专家：石云兴、胡健
编写成员：彭明祥、郑玉华、赵虎军、许立山、刘源、吴学军

目 录

1 总则 1
   1.1 适用范围 1
   1.2 参考标准及规范 1
   1.3 清水混凝土分类 2
2 术语、符号 3
   2.1 清水混凝土 3
   2.2 清水混凝土模板 3
   2.3 蝉缝 3
   2.4 明缝 3
   2.5 对拉螺栓孔眼 4
   2.6 装饰片 4
   2.7 堵头 4
   2.8 假眼 4
3 基本规定 5
4 施工准备 6
   4.1 技术准备 6
   4.2 材料准备 7
   4.3 机具、设备准备 13
   4.4 作业条件 14
5 施工工艺 15
   5.1 工艺流程 15
   5.2 模板加工制作 15
   5.3 模板安装 26
   5.4 模板拆除 29
   5.5 装饰片设计与施工 29
   5.6 钢筋工程 30
   5.7 混凝土拌制与运输 31
   5.8 混凝土浇筑 31
   5.9 混凝土养护 32

5.10 冬期施工 ··· 33
　　5.11 对拉螺栓孔眼修复与封堵 ·· 33
　　5.12 缺陷修复 ··· 34
　　5.13 涂料工程 ··· 35
6 清水混凝土质量验收标准 ·· 37
　　6.1 外观质量要求 ··· 37
　　6.2 尺寸偏差 ··· 38
7 成品保护 ·· 41
　　7.1 模板工程 ··· 41
　　7.2 钢筋工程 ··· 41
　　7.3 混凝土工程 ··· 42
8 安全保护 ·· 43
9 质量记录 ·· 44

附　清水混凝土施工案例

　　案例一　联想北京研发基地工程 ··· 48
　　案例二　郑州国际会展中心工程（展览部分） ····································· 76
　　案例三　郑州国际会展中心工程（会议中心） ··································· 108
　　案例四　清华东路公寓、大学生公寓工程 ······································· 121
　　案例五　北京土城电话局、信息港工程 ··· 129
　　案例六　柳州潭中高架桥主体工程 ··· 141
　　案例七　上海浦东高桥仓储运输公司物流转运中心 ······························· 161
　　案例八　北京金汉王望京生产厂房工程 ··· 181

1 总　　则

1.1 适用范围

适用于建筑物、构筑物结构表面有清水混凝土装饰效果要求的现浇钢筋混凝土结构工程。

预制混凝土结构工程也可参考本标准。

1.2 参考标准及规范

《混凝土结构工程施工质量验收规范》（GB 50204—2002）
《建筑工程施工质量验收统一标准》（GB 50300—2001）
《建筑装饰装修工程质量验收规范》（GB 50210—2001）
《组合钢模板技术规范》（GB 50214—2001）
《民用建筑工程室内环境污染控制规范》（GB 50325—2001）
《混凝土结构设计规程》（GB 50010—2002）
《混凝土强度检验评定标准》（GBJ 107—87）
《硅酸盐水泥、普通硅酸盐水泥》（GB 175—1999）
《矿渣硅酸盐水泥、火山灰质硅酸盐水泥、粉煤灰质硅酸盐水泥》（GB 1344—1999）
《普通混凝土用碎石或卵石质量标准及检验方法》（JGJ 53—92）
《普通混凝土用砂质量标准及检验方法》（JGJ 52—92）
《混凝土外加剂》（GB 8076—1997）
《高强高性能混凝土用矿物外加剂》（GB/T 18736—2002）
《粉煤灰混凝土应用技术规程》（GBJ 146—90）
《混凝土拌合用水标准》（JGJ 63—89）
《建筑工程冬期施工规程》（JGJ 104—97）
《建筑工程大模板技术规范》（JGJ 74—2003）

《普通混凝土配合比设计规程》(JGJ 55—2000)
《工程建设监理规程》(DBJ 01-41—2002)
《建筑工程资料管理规程》(DBJ 01-51—2003)
《中华人民共和国环保法》中华人民共和国国务院第22号令(1989.12.16)
《中华人民共和国安全生产法》
《建筑施工安全检查标准》(JGJ 59—99)
《北京市建筑工程施工安全操作规程》(DBJ 01-62—2002)
《北京市建筑结构长城杯工程质量评审标准》(DBJ/T 01-69—2003)
《全钢大模板应用技术规程》(DBJ 01-89—2004)
《混凝土结构工程施工工艺标准》(ZJQ 00-SG-002—2003)
《建筑装饰装修工程施工工艺标准》(ZJQ 00-SG-001—2003)

1.3 清水混凝土分类

清水混凝土根据混凝土表面的装饰效果和施工质量验收标准分为三类：普通清水混凝土、饰面清水混凝土、装饰清水混凝土。

2 术语、符号

2.1 清水混凝土

清水混凝土系直接利用混凝土成型后的自然质感作为饰面效果,不做其他外装饰的混凝土工程。

普通清水混凝土工程:混凝土硬化干燥后表面的颜色均匀、且其平整度及光洁度均高于国家验收规范的建筑物或构筑物,称为普通清水混凝土工程。

饰面清水混凝土工程:以混凝土本身的自然质感和精心设计、精心施工的对拉螺栓孔眼、明缝、蝉缝组合形成自然状态作为饰面效果的混凝土工程,称为饰面清水混凝土工程。

装饰清水混凝土工程:利用混凝土的拓印特性在混凝土表面形成装饰图案或预留预埋装饰物的清水混凝土工程,称为装饰清水混凝土工程。

2.2 清水混凝土模板

能保证达到清水混凝土质量要求和外观效果的模板。

清水混凝土模板可选择多种材质制作,能达到表面平整光洁,模板分块、面板分割和穿墙螺栓孔眼排列规律整齐,几何尺寸准确,拼缝严密的要求。

2.3 蝉缝

蝉缝是有规则的模板拼缝在混凝土表面上留下的痕迹。设计整齐匀称的蝉缝是清水混凝土表面的装饰效果之一。

2.4 明缝

明缝是凹入混凝土表面的分格线或装饰线,是清水混凝土表面重要的装饰效果之一。

2.5 对拉螺栓孔眼

按照设计要求，利用模板工程中的对拉螺栓，在混凝土表面形成有规则排列的孔眼，是清水混凝土表面重要的装饰效果之一。

2.6 装饰片

混凝土表面的装饰物，它可以为金属、塑料等。

2.7 堵头

为了拆模后，在混凝土表面形成统一装饰效果的孔眼，安装在模板内侧、对拉螺杆两边的配件。它可以为尼龙、塑料、金属等材料。

2.8 假眼

为了统一对拉螺栓孔眼的装饰效果，在模板工程中，对没有对拉螺杆的位置设置堵头，并形成的孔眼。其外观尺寸要求与其他对拉螺栓孔眼一致。

3 基本规定

3.1 为了保证清水混凝土表面观感一致,相邻清水混凝土结构构件的混凝土强度等级宜一致,且相差不宜大于2个强度等级。

3.2 清水混凝土施工不宜冬期施工。

3.3 清水混凝土分类见表3.3-1。

清水混凝土分类和做法要求　　　　表3.3-1

清水混凝土分类	清水混凝土表面做法要求	备注
普通清水混凝土	拆模后的混凝土本身自然质感	—
饰面清水混凝土	混凝土表面自然质感	蝉缝、明缝清晰,孔眼排列整齐,具有规律性
饰面清水混凝土	混凝土表面上直接作保护透明涂料	孔眼按需设置
饰面清水混凝土	混凝土表面砂磨平整	蝉缝、明缝、孔眼按需设置,具有规律性
装饰清水混凝土	混凝土本身的自然质感以及表面形成装饰图案或预留预埋装饰物	装饰物按需设置

4 施工准备

4.1 技术准备

（1）根据设计要求、合同约定以及施工规范要求，通过样板墙，确定清水混凝土的施工标准。

（2）进行图纸会审，综合结构、建筑、设备、电气、水暖等图纸，进行深化设计，考虑装修预埋件以及设备管线的预留预埋，避免专业施工和装修施工的剔凿。

（3）与建设、监理、设计单位就钢筋保护层、影响对拉螺栓的钢筋位置、构造部位配筋等进行协商，既要满足施工需要，又要满足结构安全及耐久性的要求。

（4）针对后浇带和施工缝的合理设置与设计院进行洽商。

（5）针对各专业分包对清水混凝土工程的影响，在相应分包合同中提出专项技术要求，并进行详细的施工技术交底。

（6）编制清水混凝土施工方案，制定钢筋、模板、混凝土专项施工措施、季节性施工措施以及成品保护措施等。

（7）对建筑物各部位的结构尺寸进行仔细核查，根据设计对明缝、蝉缝以及对拉螺栓孔眼的设置要求进行模板深化设计。

（8）熟悉结构及建筑施工图，按照设计要求，确定清水混凝土分类及其施工范围。当设计有明缝和蝉缝要求时，检查各部位的明缝是否交圈，注意与阳台、窗台、柱、梁及突出线条相交处的处理。

（9）工程开工前，除对现场测量所用的经纬仪、水准仪、钢尺等进行校验外，对加工所用的钢尺等检测工具进行校验，保证其精度准确一致。

4.2 材料准备

4.2.1 混凝土工程

4.2.1.1 为控制清水混凝土表面的色差，保证混凝土拌合物的性能，清水混凝土工程所用混凝土原材料除符合《混凝土结构工程施工质量验收规范》(GB 50204—2002) 的要求外，还应满足以下要求：

水泥：宜选用硅酸盐水泥、普通硅酸盐水泥和矿渣硅酸盐水泥，且强度等级不低于 42.5 级的水泥。采用的水泥必须符合《硅酸盐水泥、普通硅酸盐水泥》(GB 175—1999)、《矿渣硅酸盐水泥、火山灰质硅酸盐水泥及粉煤灰硅酸盐水泥》(GB 1344—99) 等规定。

同一工程的水泥应为同一厂家生产、同一品种、同强度等级、同批号，且采用同一熟料磨制，颜色均匀的水泥。

骨料：所用骨料必须符合《建筑用砂》(GB/T 14684—93)、《建筑用卵石、碎石》(GB/T 14685—93) 等要求。粗骨料强度应符合《普通混凝土用碎石或卵石质量标准及检验方法》(JGJ 53—92) 的规定，岩石的抗压强度应为混凝土抗压强度的 1.5 倍以上。

所用粗骨料应连续级配良好，颜色均匀、洁净，含泥量小于 1%，泥块含量小于 0.5%，针片状颗粒不大于 15%。

细骨料应选择质地坚硬，级配良好的河砂或人工砂，其细度模数应大于 2.6（中砂），含泥量不应大于 1.5%，泥块含量不大于 1%。

在同一工程中使用的骨料应为同一生产厂家产品。

经常受潮部位的清水混凝土，选择骨料时应考虑防止碱骨料反应的措施，宜选用非碱活性骨料，如受资源限制，不能选用非碱活性骨料时，可有条件使用低碱活性骨料，但须依据国家相关规程进行试验，经试验证明拟采用的抑制措施能够有效地抑制碱骨料反应。

严禁使用碱活性骨料。

掺合料：常用的掺合料为硅粉、粉煤灰、磨细矿渣粉、天然沸石粉等。所选用的掺合料应满足以下要求：

（1）必须对混凝土及钢材无害；

（2）勃氏比表面积$\geqslant 4500cm^2/g$；

（3）应符合《高强高性能混凝土用矿物外加剂》（GB/T 18736—2002）的有关规定。

同一工程所用的掺合料应来自同一厂家的同一品种。

外加剂：外加剂要求与水泥品种相适应，并具有明显的减水效果，能够改善混凝土的各项工作性能，使用的外加剂必须符合《混凝土外加剂》（GB 8076—1997）的要求。

拌合用水及养护用水：应符合《混凝土拌合物用水标准》（JGJ 63—89）的规定。

4.2.1.2 配合比设计

（1）清水混凝土的配合比应考虑使混凝土具有均匀一致的外观质感，良好的流变性能、内在均质性能、体积稳定性、耐久性和经济性。

（2）混凝土的原材料应有足够的存储量，至少要保证两层或同一视觉空间的混凝土原材料的颜色和各种技术参数保持一致。

（3）所选用的掺合料应符合本标准 4.2.1.1 条中的规定，并应通过试验确定适宜添加量。

（4）配合比的确定与调整：

1）清水混凝土的配合比设计，除满足混凝土色差、强度、流动性和流变性能的要求外，还应根据工程设计、施工情况和工程所处环境，考虑中性化、冻害和碱骨料反应等耐久性方面的要求。

2）为保证清水混凝土的工作性和耐久性的要求，基本组成材料应包括矿物质细掺料，处于寒冷地区的工程的混凝土还应掺用引气剂，但必须根据试验确定其掺量。

3）混凝土配制强度的确定、强度标准差的取值、混凝土配合比的计算、试配、调整与确定，可按《普通混凝土配合比设计规程》(JGJ 55—2000)的规定进行。

4) 砂率宜在35%～42%的范围内，水泥用量不应低于300kg/m³；在满足技术要求的前提下，宜采用低胶结材料用量；粗骨料用量不宜低于1000kg/m³；级配连续均匀，细骨料用量不宜低于620kg/m³。同时，为满足体积稳定性的要求，各等级混凝土的最大水胶比不宜超过0.45。

5) 混凝土的坍落度值较基准混凝土作相应增加。

6) 清水混凝土中掺合料取代水泥的最大用量宜符合下列要求：
① 硅粉≤10%；
② 粉煤灰≤35%；
③ 磨细矿渣粉≤60%；
④ 天然沸石粉≤15%。

在需要制备采用高于上述粉体掺量的清水混凝土时，只有在经过试验证明制备的清水混凝土于工程所处环境条件下能满足抗中性化要求，可以不受上述限制。

7) 处于经常潮湿且受冻融的环境的清水混凝土，应优先采用含引气成分的外加剂，含气量宜在2%～4%，预应力结构的清水混凝土中含气量适当减小。

4.2.1.3 清水混凝土的制备与拌合物的性能

(1) 制备成的清水混凝土拌合物应颜色均匀，能保证同一视觉空间工程的混凝土无可见色差。

(2) 制备成的清水混凝土拌合物工作性能优良，无离析泌水现象，90min的坍落度经时损失应小于30%。

(3) 清水混凝土拌合物运输，到达现场后的坍落度应满足：用于浇筑柱体的混凝土宜为150±10mm；用于浇筑墙、梁、板的混凝土宜为170±10mm。

(4) 严格控制预拌混凝土的原材料掺量精度，允许偏差不超过1%。且严格控制投料顺序及时间，并随天气变化抽验砂、石含水率，调整用水量。

(5) 各类具有室内使用功能的建筑用混凝土外加剂中释放氨的含量应≤0.10%（质量分数）。

4.2.2 模板工程

4.2.2.1 模板体系的选型依据

当建筑施工图中有明确的尺寸时，按建施图配模施工，如没有图示要求，则配模设计时应按照设缝合理、均匀对称、长宽比例协调的原则，确定模板分块、面板分割尺寸。

(1) 根据工程设计要求和工程特点；
(2) 根据流水段的划分和周转使用次数；
(3) 根据清水混凝土外观质量要求；
(4) 构造简单、支拆方便、经济合理原则。

4.2.2.2 模板构造

清水混凝土模板构造见表 4.2-1。

清水混凝土模板构造　　　　表 4.2-1

序号	模板名称	模板构造
1	木梁胶合板模板	以木梁、铝梁或钢木肋作竖肋，胶合板采用螺钉连接
2	空腹钢框胶合板模板	以特制空腹型材为边框，冷弯管材、型材为主肋，胶合板面板采用抽芯铆钉连接。品种有面板不包边大模板、面板包边大模板和轻型钢木模板
3	实腹钢框胶合板模板	以特制实腹型材为边框，冷弯管材、型材为主肋，嵌入胶合板，采用抽芯铆钉连接
4	木框胶合板模板	以 50mm×100mm 木方为骨架，胶合板采用螺钉连接
5	木框胶合板装饰模板	在木框胶合板模板的面板上钉木、铝或塑料装饰图案或线条
6	50mm 厚木板模板	以刨光 50mm 厚木板为面板，型钢为骨架，螺钉从背面连接
7	全钢大模板	以型钢为骨架，5～6mm 厚钢板为面板，焊接而成
8	全钢装饰模板	在全钢大模板的面板上焊接或螺栓连接装饰图案或线条
9	全钢铸铝模板	在全钢模板的面板上，螺栓固定铸铝图案
10	不锈钢贴面模板	采用镜面不锈钢板，用强力胶水贴于钢模板或木模板上

4.2.2.3 模板选型与设计

(1) 模板面板要求板材强度高、韧性好、加工性能好,具有足够的刚度。不宜选用竹胶合板。

(2) 模板表面平整光洁,胶合板覆膜要求强度高,耐磨性好、耐水、耐久性好,物理化学性能均匀稳定,表面平整光滑、无污染、无破损、清洁干净。

(3) 模板龙骨顺直,规格一致,和面板紧贴,连接牢固,具有足够的刚度。

(4) 对拉螺栓满足设计师对位置的要求,最小直径要满足墙体受力要求。

(5) 面板配置要满足设计师对拉螺栓孔眼和明缝、蝉缝的排布要求。

(6) 模板尽量做到定型化拼装,加工精度高,操作简便,节省劳动力。

(7) 建议选择的模板类型见表4.2-2。

清水混凝土建议选择的模板类型　　　表 4.2-2

清水混凝土表面分类	建议选择的模板类型
普通清水混凝土	木梁木胶合板模板、钢框胶合板大模板、轻型钢木模板、全钢大模板、木框胶合板模板
饰面清水混凝土	木梁木胶合板模板、钢框胶合板(面板不包边)大模板、不锈钢或PVC板贴面模板
装饰清水混凝土	50mm厚木板、全钢装饰模板、铸铝装饰模板、木胶合板装饰模板

注:胶合板均为双面酚醛防水木胶合板。

(8) 以胶合板为面板的模板,应选择质地坚硬、表面平整光洁、色泽均匀、厚薄一致的优质胶合板。覆膜要求厚度均匀、平整光洁、耐磨性高,覆膜质量$\geqslant 120g/m^2$。模板的肋和背楞顺直整齐,模板厚度均匀一致。

(9) 钢模板应选择5~6mm厚的原平板作面板,钢模板质量应符合《全钢大模板应用技术规程》。模板表面平整光洁,无凹凸、无伤痕、无修补痕迹。

(10) 模板运到现场后，应认真检查模板及配件的规格、数量、产品质量，做到管理有序，对号入座。

(11) 模板表面不得弹放墨线、油漆写字编号，避免污染混凝土表面。

(12) 模板上除设计预留的穿墙螺栓孔眼外，不得随意打孔、开洞、刻划、敲钉。

(13) 脱模剂应选用对混凝土表面质量和颜色不产生影响的优质脱模剂。

(14) 明缝条截面形式可根据工程具体情况确定，要求能顺利拆除，宜采用梯形、方形、圆角方形；材质可以为硬木、尼龙、塑料、铝合金、不锈钢等材料。深度不宜大于 20mm。

4.2.3 钢筋工程

(1) 钢筋原材必须满足有关规范及设计要求。

(2) 钢筋的加工尺寸（弯心、角度、长度等）偏差符合规范要求。

(3) 冷拉钢筋应随拉随使用，避免因钢筋浮锈污染模板，影响清水混凝土表面效果。

(4) 钢筋代换必须经过设计同意，方可代换。

(5) 钢筋接头应采用合理的连接方式，避免接头处影响保护层厚度。

(6) 混凝土保护层垫块：柱、墙体结构宜选用与混凝土颜色一致的塑料卡环；梁、板宜选用与混凝土同配比的砂浆制作。可以采用半球形垫块，将垫块的面接触改为点接触。

4.2.4 涂料工程

清水混凝土表面的保护涂料应具有以下特性。

(1) 涂料宜选用具有超长耐久性涂料，保护混凝土不受中性化破坏，还可以避免混凝土受到侵害而产生裂缝。

(2) 涂料应具有防污染性能，具有突出的憎水性，有效防止污痕，保持清水混凝土表面长久洁净。

(3) 为保持混凝土表面自然的机理及质感，应选用透明涂料。涂料应具有对混凝土颜色调整作用，使表面质感及颜色均一，提高混凝土观感效果。

清水混凝土常用涂料品种见表4.2-3。

清水混凝土常用涂料品种　　　　表4.2-3

序号	种类	类别		备注
1	涂膜型涂料	热塑型涂料	丙烯树脂涂料	着色透明
		热硬化性合成树脂	聚氨酯树脂涂料	着色透明
		混合型合成树脂	干燥型氟树脂涂料	着色透明
			丙烯硅酮树脂涂料	着色透明
		氟碳树脂涂料	水性氟碳树脂涂料	完全透明、着色透明
			油性氟碳树脂涂料	完全透明、着色透明
2	渗透防水性涂料	非硅酮类	丙烯树脂单体类	着色透明
			丙烯树脂齐聚物类	着色透明
			聚氨酯树脂齐聚物类	着色透明
		硅酮类	硅网类	着色透明
			硅烷化合物类	着色透明
			硅酮类	着色透明

4.3 机具、设备准备

（1）钢筋工程：切割机、调直机、弯曲机、砂轮切割机、钢筋钩子、钢筋刷子、撬棍、扳手、钢卷尺、钢筋连接机具设备。

（2）模板工程：电锯、电钻、电刨、压刨、手锯、专用扳手、盒尺、锤子、钢卷尺、直角尺、线坠、白线。

（3）混凝土工程：混凝土运输车、混凝土输送泵、布料杆、振捣电机、铁锹、标尺杆、振捣棒、抹子（混凝土工程的使用机具、设备均应准备1~2套备用）。

（4）涂料工程：喷枪、空压机、高压水枪、角磨机、刮刀、抹子刮刀、抹子、堵孔工具、砂纸、滚筒、毛刷。

（5）其他设备：塔吊、施工吊篮、激光经纬仪、水准仪、钢卷尺、电子测温仪、试验检测设备。

4.4 作业条件

（1）混凝土的配合比通过试配确定后，在现场按照施工方案做样板墙，通过样板墙对混凝土的配合比以及模板体系、施工工艺等进行验证，积累相关经验后进行详细的技能培训和技术交底。

（2）混凝土搅拌、运输路线要充分保证混凝土连续均匀供应，避免造成施工冷缝。

（3）作好清水混凝土技术交底，使每名施工人员都熟悉操作规程和职责，并严格遵守。

（4）清水混凝土模板分块、面板分割、模板细部设计以及对拉螺栓设计已经完成，并得到设计师认可，模板在现场经过预拼满足要求。

（5）所有物资、机具、人员都准备完毕，现场具备清水混凝土施工条件。

（6）测量放线，建立精确的平面控制网和标高控制点，从基础开始逐层对墙线、柱线进行校核调整，在确保轴线通顺垂直、尺寸准确的基础上，投放墙、柱、梁截面边线，模板边线，洞口位置线等，进行水准测量抄平，确保梁板标高、模板标高准确。

（7）预检、隐检等各种验收全部完成。

5 施工工艺

5.1 工艺流程

模板加工制作→钢筋绑扎→模板安装→混凝土浇筑→模板拆除→混凝土养护→对拉螺栓孔封堵→涂料施工→混凝土保护。

5.2 模板加工制作

5.2.1 模板设计

（1）模板设计应根据设计图纸进行，模板的排板与设计的蝉缝相对应。同一楼层的蝉缝水平方向应交圈，竖向垂直，有一定的规律性、装饰性（图5.2-1）。

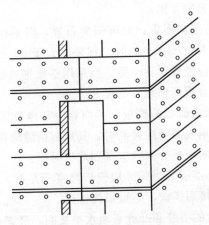

图 5.2-1 明缝、蝉缝水平交圈示意图

（2）模板设计应保证模板结构构造合理，强度、刚度满足要求，牢固稳定，拼缝严密，规格尺寸准确，便于组装和支拆。

(3) 模板的高度应根据墙体浇筑高度确定，应高出浇筑面50mm为宜。

(4) 对拉螺栓孔眼的排布应纵横对称、间距均匀，距门洞口边不小于150mm，在满足设计的排布时，对拉螺栓应满足受力要求。

(5) 模板分块原则：

1) 在吊装设备起重力矩允许范围内，模板的分块力求定型化、整体化、模数化、通用化，按大模板工艺进行配模设计。

2) 外墙模板分块以轴线或窗口中线为对称中心线，内墙模板分块以墙中线为对称中心线，做到对称、均匀布置。

3) 外墙模板上下接缝位置宜设于楼面建筑标高位置，当明缝设在楼面标高位置时，利用明缝作施工缝。明缝还可设在窗台标高、窗过梁底标高、框架梁底标高、窗间墙边线及其他分格线位置。

(6) 面板分割原则：

1) 面板宜竖向布置，也可横向布置，但不得双向布置。当整块胶合板排列后尺寸不足时，宜采用大于600mm宽胶合板补充，设于中心位置或对称位置。当采用整张排列后出现较小余数时，应调整胶合板规格或分割尺寸。

2) 以钢板为面板的模板，其面板分割缝宜竖向布置，一般不设横缝，当钢板需竖向接高时，其模板横缝应在同一高度。在一块大模板上的面板分割缝应做到均匀对称。

3) 在非标准层，当标准层模板高度不足时，应拼接同标准层模板等宽的接高模板，不得错缝排列。

4) 建筑物的明缝和蝉缝必须水平交圈，竖缝垂直。

5) 圆柱模板的两道竖缝应设于轴线位置，竖缝方向群柱一致。

6) 方柱或矩形柱模板一般不设竖缝，当柱宽较大时，其竖缝宜设于柱宽中心位置。

7）柱模板横缝应从楼面标高至梁柱节点位置作均匀布置，余数宜放在柱顶。

8）阴角模与大模板面板之间形成的蝉缝，要求脱模后效果同其他蝉缝。

9）水平结构模板宜采用木胶合板作面板，应按均匀、对称、横平竖直的原则作排列设计；对于弧形平面，宜沿径向辐射布置（图 5.2-2）。

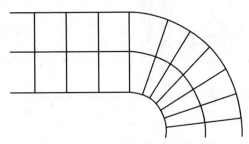

图 5.2-2　水平模板的排列图

5.2.2　模板制作

（1）模板加工制作，关键应控制模板的支撑系统及拼缝、平整度、平直度等指标。

（2）钢龙骨在组装前必须调直，木龙骨要求有足够的刚度。模板龙骨尽量不用接头，如确需连接，接头部位必须错开。

（3）木模板加工时，材料裁口应弹线后切割，尺寸准确，角度到位。

（4）为保证模板组合效果，使用前要对模板进行现场预拼，对模板表面平整度、截面尺寸、阴阳角、相邻板面高低差以及对拉螺栓组合安装情况进行校核，以保证模板质量，并根据预拼情况在模板背面编号，以便安装需要。

（5）墙体木制大模板设计制作，见图 5.2-3。

（6）墙体全钢大模板设计制作，如图 5.2-4、图 5.2-5、图 5.2-6 所示。

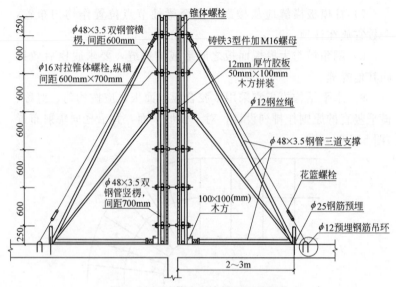

图 5.2-3 墙体木制大模板设计制作

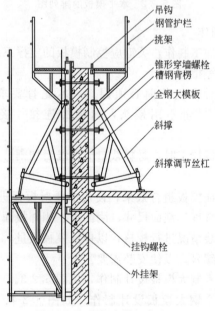

图 5.2-4 全钢大模板外墙图

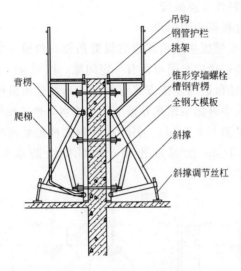

图 5.2-5 全钢大模板内墙图

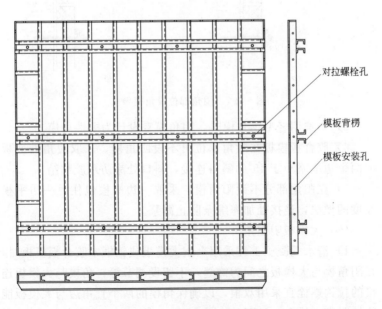

图 5.2-6 全钢大模板设计图

5.2.3 模板制作节点处理

（1）胶合板模板阴阳角

1）胶合板模板在阴角部位宜设置角模。角模与平模的面板接缝处为蝉缝，边框之间可留有一定间隙，以利脱模。

2）角模棱角边的连接方式有两种：一种是角模棱角处面板平口连接，其中外露端刨光并涂上防水涂料，连接端刨平并涂防水胶粘结，见图5.2-7（a）。另外一种角模棱角处面板的两个边端都为略小于45°的斜口连接，斜口处涂防水胶粘结，见图5.2-7（b）。

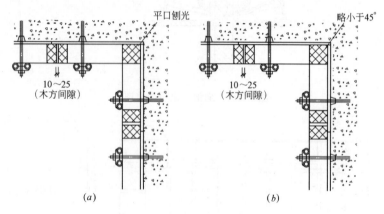

图 5.2-7 阴角部位设角模做法

3）当选用轻型钢木模时，阴角模宜设计为柔性角模。

4）胶合板模板在阴角部位可不设阴角模，采取棱角处面板的两个边端略小于45°的斜口连接，斜口处涂防水胶粘结。

5）在阳角部分不设阳角模，采取一边平模包住另一边平模厚度的做法，连接处加海绵条防止漏浆。

（2）大模板阴阳角

1）清水混凝土工程采用全钢大模板或钢框木胶合板模板时，在阴模与大模板之间为蝉缝，不留设调节缝；角模与大模板连接的拉钩螺栓宜采用双根，以确保角模的两个直角边与大模板能连接紧密不错台，见图 5.2-8。

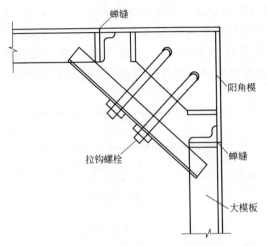

图 5.2-8 全钢大模板阴角做法

2) 在阳角部位根据蝉缝、明缝和穿墙孔眼的布置情况,可选择两种做法:一种是采用阳角模,阳角模的直角边设于蝉缝位置,使楞角整齐美观;另外一种是采用一块平模包另一垂直方向平模的厚度,连接处加海绵条堵漏。阳角部位不宜采用模板边棱加角钢的做法。

(3) 模板拼缝的处理

1) 胶合板面板竖缝设在竖肋位置,面板边口刨平后,先固定一块,在接缝处满涂透明胶,后一块紧贴前一块连接。根据竖肋材料的不同,其剖面形式如图 5.2-9。

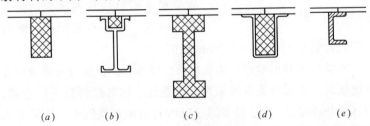

图 5.2-9 模板拼缝做法
(a) 木方;(b) 铝梁;(c) 木梁;(d) 钢木肋;(e) 钢模板槽钢肋

2）胶合板面板水平缝拼缝宽度不大于1.5mm，拼缝位置一般无横肋（木框模板可加短木方），为防止面板拼缝位置漏浆，模板接缝处背面切85°坡口，并注满胶，然后用密封条沿缝贴好，贴上胶带纸封严，模板拼缝做法见图5.2-10所示。

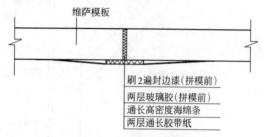

图 5.2-10　模板拼缝做法

3）钢框胶合板模板可在制作钢骨架时，在胶合板水平缝位置增加横向扁钢，面板边口之间及面板与扁钢之间涂胶粘结（图5.2-11）。

4）全钢大模板在面板水平缝位置，加焊扁钢，并在扁钢与面板的缝隙处刮铁腻子，待铁腻子干硬后，模板背面再涂漆。

（4）钉眼的处理

龙骨与胶合板面板的连接，宜采用木螺钉从背面固定，保证进入面板一定的有效深度，螺钉间距宜控制在150mm×300mm以内。

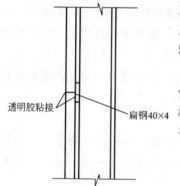

图 5.2-11　钢框胶合板水平蝉缝

圆弧形等异形模板，如从反面钉钉难以保证面板与龙骨的有效连接时，面板与龙骨可采用沉头螺栓、抽芯拉铆钉正钉连接，为减少外露印迹，钉头下沉1～2mm，表面刮铁腻子，待腻子表面平整后，在钉眼位置喷清漆，以免在混凝土表面留下明显痕迹。龙骨与面板连接见图5.2-12、图5.2-13所示。

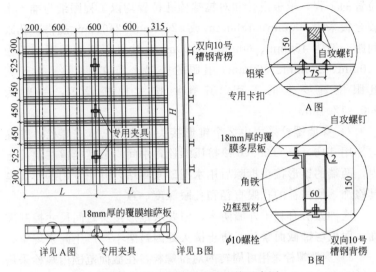

图 5.2-12 龙骨与面板连接示意图

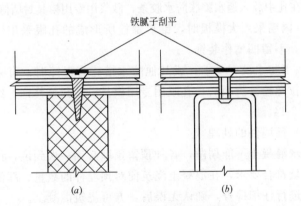

图 5.2-13 面板钉眼处理示意图

(a) 木螺钉；(b) 抽芯拉铆钉

(5) 对拉螺栓

对拉螺栓可采用直通型穿墙螺栓，或者采用锥接头和三节式螺栓。

1) 对拉螺栓的排列。对于设计明确规定蝉缝、明缝和孔眼

23

位置的工程，模板设计和对拉螺栓孔位置均以工程图纸为准。木胶合板采用 900mm×1800mm 或 1200mm×2400mm 规格，孔眼间距一般为 450mm、600mm、900mm，边孔至板边间距一般为 150mm、225mm、300mm，孔眼的密度比其他模板高。对于无孔眼位置要求的工程，其孔距按大模板设置，一般为 900~1200mm。

2）穿墙螺栓采用由 2 个锥形接头连接的三节式螺栓，螺栓宜选用 T16×6~T20×6 冷挤压螺栓，中间一节螺栓留在混凝土内，两端的锥形接头拆除后用水泥砂浆封堵，并用专用的封孔模具修饰，使修补的孔眼直径和孔眼深度一致。

这种做法有利于外墙防水，但要求锥形接头之间尺寸控制准确，面板与锥截面紧贴，防止接头处因封堵不严产生漏浆现象。

3）穿墙螺栓采用可周转的对拉螺栓，在截面范围内螺栓采用塑料套管，两端为锥形堵头和胶粘海绵垫。拆模后，孔眼封堵砂浆前，应在孔中放入遇水膨胀防水胶条，砂浆用专用模具封堵修饰。

4）内墙采用大模板时，锥形螺栓所形成的孔眼采用砂浆封堵平整，不留凹槽作装饰。

5）当防水没有要求，或其他防水措施有保障时，可采用直通型对拉螺栓。拆模后，孔眼用专用模具砂浆封堵修饰。组合图见图 5.2-14。

（6）预埋件的处理

清水混凝土不能剔凿，各种预留预埋必须一次到位，预埋位置、质量符合要求，在混凝土浇筑前对预埋件的数量、部位、固定情况进行仔细检查，确认无误后，方可浇筑混凝土。

（7）假眼做法

清水混凝土的螺栓孔布置必须按设计的效果图，对于部分墙、梁、柱节点等由于钢筋密集，或者由于相互两个方向的对拉螺栓在同一标高上，无法保证两个方向的螺栓同时安装，但为了满足设计需要，需要设置假眼，假眼采用同直径的堵头、同直径的螺杆固定。

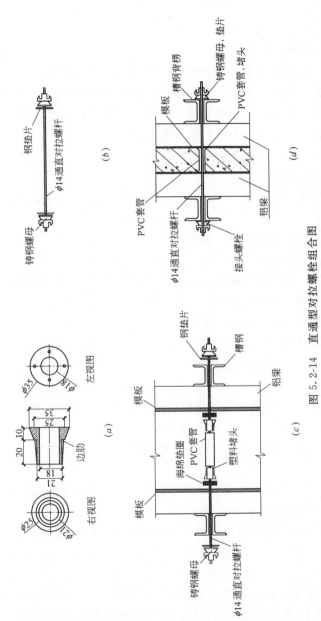

图 5.2-14 直通型对拉螺栓组合图

(a) 塑料堵头剖面；(b) 对拉螺杆配件图；(c) 对拉螺栓组装示意图；(d) 对拉螺栓安装成品示意图

5.3 模板安装

5.3.1 模板安装准备

(1) 模板安装前，复核模板控制线，作好控制标高。

(2) 合模前，对模板进行检查，特别是模板面板与龙骨的连接，保证龙骨间距符合设计要求。另外，检查是否涂刷脱模剂、面板清洁与否，严禁带有污物的模板上墙。

(3) 钢筋工程隐检完毕，并形成隐检记录。

5.3.2 模板安装

(1) 根据预拼编号进行模板安装，保证明缝、蝉缝的垂直交圈，吊装时，注意对钢筋及塑料卡环的保护。

(2) 套穿墙螺栓时，必须调整好位置后轻轻入位，保证每个孔位都加塑料垫圈，避免螺栓损伤穿墙孔眼。模板紧固前，保证面板对齐，拧紧对拉螺栓。加固时，用力要均匀，避免模板产生不均匀变形。严禁在面板校正前加固。

(3) 模板水平之间的连接：

1) 木梁胶合板模板之间可采取加连接角钢的做法，相互之间加海绵条，用螺栓连接；也可采用背楞加芯带的做法，面板边口刨光，木梁缩进 5~10mm，相互之间连接靠芯带、钢楔紧固。

2) 以木方作边框的胶合板模板，采用企口方式连接，一块模板的边口缩进 25mm，另一块模板边口伸出 35~45mm，连接后两木方之间留有 10~20mm 拆模间隙，模板背面以 $\phi48\times3.5$ 钢管作背楞。

3) 铝梁胶合板模板及钢木胶合板模板，设专用空腹边框型材，同空腹钢框胶合板一样采用专用卡具连接。

4) 实腹钢框胶合板模板和全钢大模板，均采用螺栓进行模板之间的连接。

(4) 模板上下之间的连接：

1) 混凝土浇筑施工缝的留设宜同建筑装饰的明缝相结合，即将施工缝设在明缝的凹槽内。清水混凝土模板接缝深化设计时，应将明缝装饰条同模板结合在一起。当模板上口的装饰线形成N层墙体上口的凹槽，即作为N+1层模板下口装饰线的卡座，为防止漏浆，在结合处贴密封条和海绵条。

2）木胶合板面板上的装饰条宜选用铝合金、塑料或硬木等制作，宽20～30mm，厚20mm左右，并做成梯形，以利脱模。

3）钢模板面板上的装饰线条用钢板制作，可用螺栓连接也可塞焊连接，宽30～60mm，厚5～10mm，内边口刨成45°。

（5）明缝与楼层施工缝：

明缝处主要控制线条的顺直和明缝条处下部与上部墙体错台问题，利用施工缝作为明缝，明缝条采用二次安装的方法施工。

外墙模板的支设是利用下层已浇混凝土墙体的最上一排穿墙孔眼，通过螺栓连接槽钢来支撑上层模板。安装墙体模板时，通过螺栓连接，将模板与已浇混凝土墙体贴紧，利用固定于模板板面的装饰条（明缝条），杜绝模板下边沿错台、漏浆，贴紧前将墙面清理干净，以防墙面与模板面之间夹渣，产生漏浆现象，明缝与楼层施工缝具体做法见图5.3-1。

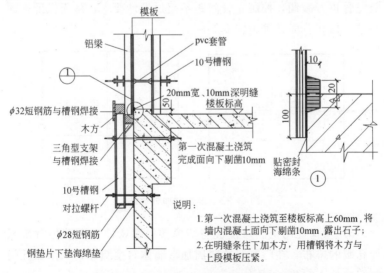

图5.3-1 明缝与楼层施工节点做法图

（6）木制大模板穿墙螺栓安装处理：

1）锥体与模板面接触面积较大，中间加海绵垫圈保证不漏浆。五节锥体、丝杆均为定尺带限位机构，拧紧即可保证墙体厚度，此处不用加顶棍（图5.3-2）。

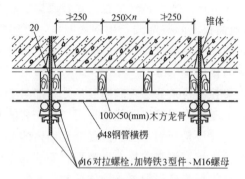

图5.3-2 模板穿对拉螺栓图

2）锥体对拉螺栓刚度较大，而胶合板面刚度较小，在锥体螺栓部位易产生变形，故在锥体对拉螺栓两侧加设竖龙骨，其他竖龙骨进行微调，控制龙骨间距不超过设计要求，从而保证板面平整。模板背面处理见图5.3-3。

 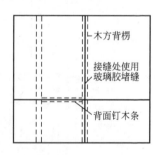

图5.3-3 模板背面处理图

3）为保证门窗洞口模板与墙模接触紧密，又不破坏对拉螺栓孔眼的排布，在门窗洞口四周加密墙体对拉螺栓，从而保证门窗洞口处不漏浆。

4）穿墙螺栓孔弹线确定位置，双侧模板螺栓孔位置对应，保证穿墙螺栓孔美观无偏移，模板拉接紧密。

5.4 模板拆除

（1）模板拆除要严格按照施工方案的拆除顺序进行，并加强对清水混凝土成品和对拉螺栓孔眼的保护。

（2）模板拆除时间应严格按照《混凝土结构工程施工质量验收规范》（GB 50204—2002）中规定执行。

（3）拆除模板时，要按照程序进行，操作人员不得站在墙顶采用晃动、撬动模板，禁止用大锤敲击，防止混凝土墙面及门窗洞口等出现裂纹和损坏模板。

（4）拆除模板时，应先拆除模板之间的对拉螺栓及连接件，松动斜撑调节丝杠，使模板后倾与墙体脱开，在检查确认无误后，方可起吊大模板。

（5）模板拆除后，应立即清理，对变形与损坏的部位进行修整，并均匀涂刷脱模剂，吊至存放处备用。

5.5 装饰片设计与施工

装饰片是利用混凝土的可塑性，在混凝土表面预留、预埋、镶嵌装饰物形成装饰图案。本工艺标准主要突出对安装金属装饰片的阐述。

（1）装饰片设计。

通过在清水混凝土表面镶嵌金属片装饰片，形成一种装饰效果。金属的大小要与明缝、蝉缝的分块相协调，金属片选定几种固定尺寸，安装的位置及方向具有随机性，金属不宜太厚，以免严重削弱保护层厚度。金属片镶嵌采取先在清水混凝土表面预留安装槽，然后再安装金属片的方法，安装槽的深度及尺寸必须与金属片相符。

（2）安装槽预留。

首先根据金属片的设计位置在模板上放样，在模板上弹上可以清除的线。预埋模板用 3mm 的木板加工制作，木板侧边必须平整，不得有毛边，边缘采用透明胶带封严密，木板用射钉与模板固定。

(3) 金属片安装。

结构完成后，在预留三角槽内安装 3mm 厚金属装饰片，金属装饰片与混凝土用环氧树脂粘贴，并在金属装饰片的三个角用铆钉固定，钉眼及三角片的边部都用环氧树脂封严。施工时，用彩纸带把金属装饰片周边的混凝土面贴严，防止污染混凝土表面。

5.6 钢筋工程

(1) 钢筋工程的加工制作与绑扎应按照《混凝土结构工程施工质量验收规范》(GB 50204—2002) 中规定执行。

(2) 翻样时，必须考虑钢筋的叠放位置和穿插顺序，重点考虑钢筋接头形式、接头位置、搭接长度、锚固长度、端头弯头等。

(3) 为避免钢筋绑扎与对拉螺栓位置矛盾，在地面上弹出对拉螺栓的位置，并设置竖向标识杆。遇到对拉螺栓与钢筋相碰时，将相邻的几排钢筋进行适当调整，但调整幅度必须在规范允许范围内。

(4) 钢筋绑扎前，必须先清理钢筋，保持清洁，无明显锈污。

(5) 钢筋限位筋宜选用 $\phi 12$ 钢筋，呈 600mm 间距梅花状点焊，墙、柱上口用限位筋应安放在同一水平面上并加固，点焊时加设构造钢筋，严禁在主筋上点焊。

(6) 墙柱竖向钢筋要校正，保证垂直，上伸至梁及水平伸至柱内处，每根钢筋均要求与梁或墙内附加筋点焊牢固。

(7) 当梁高大于或等于 800mm、墙高大于 4m 时，应设剪刀撑，以保证主筋与箍筋、水平筋与竖向筋垂直。

(8) 塑料卡环呈梅花形放置，颜色应尽量与清水混凝土的颜色接近，以免影响混凝土观感效果；定位钢筋的端头涂刷防锈漆，并套上与混凝土颜色接近的塑料套。

（9）钢筋绑扎扎丝采用防锈镀锌钢丝，扎丝头全部向钢筋内侧设置，同时将外侧扎丝圆钩全部压平，以防外露，避免混凝土表面出现锈斑。

5.7 混凝土拌制与运输

（1）清水混凝土要保证同一配合比，保证原材料不变。

（2）控制好混凝土搅拌时间，清水混凝土的搅拌应采用强制式搅拌机，且搅拌时间比普通混凝土延长 20~30s。

（3）根据气温条件、运输时间、运输道路的距离、砂石含水率变化、混凝土坍落度损失等可掺用相应的外加剂做适当调整。

（4）制备成的混凝土拌合物工作性能优良，无离析、泌水现象。

（5）合理安排调度，避免在浇筑过程中混凝土积压或供应不足，引起过大的坍落度损失。

（6）搅拌运输车每次清洗后应排净料筒内的积水，避免影响水胶比。

（7）进场的混凝土，应逐车检测坍落度，目测混凝土外观颜色、有无泌水离析，并作好记录。

（8）混凝土拌合物从搅拌结束到施工现场浇筑不宜超过 1.5h，在浇筑过程中，严禁添加配合比以外用水。

5.8 混凝土浇筑

（1）混凝土浇筑前，清理模板内的杂物，完成钢筋、管线的预留预埋，施工缝的隐蔽工程验收工作。

（2）混凝土浇筑先在根部浇筑 30~50mm 厚与混凝土同配比的水泥砂浆后，随铺砂浆随浇混凝土，砂浆投放点与混凝土浇筑点距离控制在 3m 左右为宜。

（3）浇筑混凝土采用标尺杆控制浇筑层厚度，每层控制在

400~500mm。混凝土自由下料高度应控制在2m以内。如果混凝土落差超过2m，应在布料管上接一个下料软管，控制下料高度不超过2m。

(4) 墙、柱混凝土浇筑至设计标高以上50mm处，拆模后剔除表层混凝土至设计标高，保证上下两层的结合。

(5) 混凝土浇筑时，应保证浇筑的连续性，尽量缩短浇筑时间间隔，避免分层面产生冷缝。

(6) 混凝土振点应从中间开始向边缘分布，且布棒均匀，层层搭扣，遍布浇筑的各个部位，并应随浇筑连续进行；振捣棒的插入深度要大于浇筑层厚度，插入下层混凝土中50~100mm。振捣过程中应避免撬振模板、钢筋，每一振点的振动时间，应以混凝土表面不再下沉、无气泡逸出为止，一般为20~30s，避免过振发生离析。

(7) 现场浇筑混凝土时，振动棒采用"快插慢拔"、均匀的梅花形布点，并使振捣棒在振捣过程中上下略有抽动，上下混凝土振动均匀。

(8) 浇筑门窗洞口时，沿洞口两侧均匀对称下料，振动棒距洞边不小于300mm，从两侧同时振捣，以防止洞口变形。大洞口（大于1.5m）下部模板应开洞，并补充混凝土及振捣，以确保混凝土密实，减少气泡。

5.9 混凝土养护

(1) 非冬期施工时，清水混凝土墙、柱拆模后应立即养护，采用定制的塑料薄膜套包裹，外挂阻燃草帘，洒水养护。不得用草帘直接覆盖，避免污染墙面，覆盖塑料薄膜前和养护过程中都要洒水保持湿润，混凝土养护时间不少于7d。

(2) 梁、板混凝土浇筑完毕后，分片分段抹平，及时用塑料布覆盖。塑料布覆盖完毕后，若发现塑料布内无水汽时，应及时浇水保持表面湿润，混凝土硬化后，可采用蓄水养护，严防楼板出现裂纹。养护时间不少于7d。

（3）冬期施工时，在模板背面贴聚苯板保温，拆模后采用涂刷养护剂与塑料薄膜养护相结合，外挂阻燃草帘保温，混凝土养护时间不少于14d。

（4）养护剂宜采用水乳型养护剂，避免混凝土表面变黄。

5.10 冬期施工

清水混凝土工程如工期安排需冬期施工，除满足国家有关规程外，还应满足以下要求。

（1）混凝土中掺入的防冻剂要通过试验，确保对混凝土表面色差不产生明显影响。在工程跨季节施工时，应当考虑掺用防冻剂掺量对混凝土表面色差的影响。

（2）混凝土采用加热水、骨料加热等方法，其温度根据施工条件和当地气候进行热工计算确定，保证混凝土拌合物出机温度不低于15℃。

（3）加强混凝土罐车和输送泵的保温，保证入模温度不低于10℃。

（4）在外脚手架的内侧挂双层彩条布做挡风墙，使施工现场形成相对封闭的环境。

（5）混凝土浇筑前，在模板背面贴聚苯板，并挂阻燃草帘，避免新浇混凝土温度散失过快；拆除模板后，立即涂刷养护剂，覆盖塑料薄膜，再加盖阻燃草帘，减轻混凝土"盐析"对清水混凝土色差的影响。

（6）加强对混凝土强度增长情况的监控，作好同条件试块的留置工作和混凝土的测温工作。

5.11 对拉螺栓孔眼修复与封堵

（1）对拉螺栓孔眼的修复。

堵孔前对孔眼变形和漏浆严重的对拉螺栓孔眼修复。首先清理孔表面浮渣及松动混凝土；将堵头放回孔中，用界面剂的稀释液（约50%）调同配比砂浆（砂浆稠度为10~30mm），用刮刀取砂浆补平尼龙堵头周边混凝土面,并刮平,待砂浆终凝后擦拭表面砂浆,轻轻取出堵头。

(2)对拉螺栓孔的封堵。

首先清理螺栓孔,并洒水润湿,用特制工具(如图5.11-1所示)堵住墙外侧,将砂浆捣实,轻轻旋转出特制工具并取出;砂浆终凝后喷水养护7d。对于三节头对拉螺栓和直通对拉螺栓分别采取不同的堵孔方法,如图5.11-1、图5.11-2所示。

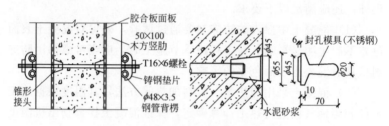

图5.11-1 三节头对拉螺栓堵孔方法

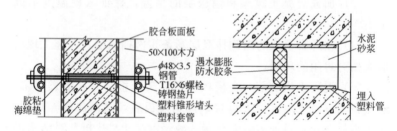

图5.11-2 直通型对拉螺栓堵孔方法

5.12 缺陷修复

(1)气泡修复。

对于不严重影响清水混凝土观感的气泡原则上不修复;需修复时,首先清除混凝土表面的浮浆和松动砂子,用与混凝土同厂家、同强度的黑、白水泥调制成水泥浆,首先在样板墙上试配试验,保证水泥浆体硬化后颜色与清水混凝土颜色一致。修复缺陷部位,待水泥浆体硬化后,用细砂纸将整个构件表面均匀地打磨光洁，并用水冲洗洁净，确保表面无色差。

（2）墙根、阳角漏浆部位修复。

首先清理表面浮灰，轻轻刮去表面松动砂子，用界面剂的稀释液（约50%）调配成与混凝土表面颜色基本相同的水泥腻子，用刮刀取水泥腻子抹于需修复部位。待腻子终凝后打砂纸磨平，再刮至表面平整，阴阳角顺直，洒水覆盖养护。

（3）明缝处胀模、错台修复。

先用铲刀铲平，如需打磨，打磨后需用水泥浆修复平整。明缝处拉通线后，对超出部分切割，对明缝上下阳角损坏部位先清理浮渣和松动混凝土；用界面剂的稀释液（约50%）调同配比砂浆，将原有的明缝条平直嵌入明缝内，将修复砂浆填补到缺陷部位，用刮刀压实刮平，上下部分分次修复；待砂浆终凝后，取出明缝条，擦净被污染混凝土表面，洒水养护。

混凝土墙面修复完成后，要求达到墙面平整，颜色均一，无明显的修复痕迹；距离墙面5m处观察，肉眼看不到缺陷。

5.13 涂料工程

清水混凝土涂料应为透明涂料，包括涂膜型涂料和渗透防水性涂料。本工艺标准中的清水混凝土保护涂料主要阐述水性氟碳树脂透明保护涂料，其他品种的涂料可参照相关涂料说明书及工艺标准。

（1）墙面清理。

涂料施工前，用清水清洗整个墙面，保持干燥，容易污染的部位用塑料薄膜保护。

（2）颜色调整。

用调整材料将混凝土色差明显的部位进行调整，使整体墙面混凝土颜色大致均匀。

（3）底涂。

均匀喷涂或滚涂2遍底漆，间隔时间为30min，涂后墙体颜色稍稍加深，要求必须完全覆盖墙面，无遗漏。

（4）中间涂层。

底涂施工完成 3h 后，均匀喷涂水性中涂层，无遗漏。

（5）罩面涂层。

中间涂层施工完成 3h 后，均匀喷涂罩面涂层 2 遍，间隔时间为 3h 以上；喷涂采用无气喷涂，喷涂时必须压力稳定，保持喷枪与墙体距离一致，保证喷涂均匀。对于颜色较深的混凝土墙面可以增加喷涂遍数，使墙面质感更加趋于一致。

6 清水混凝土质量验收标准

6.1 外观质量要求

主控项目

6.1.1 清水混凝土的外观不应有《混凝土结构工程施工质量验收规范》(GB 50204—2002)中规定的严重缺陷和一般缺陷。对于已经出现的严重缺陷和一般缺陷，应由施工单位提出技术处理方案，经监理（建设）单位、设计单位认可后进行处理。对经处理的部位，应重新进行检查验收。

检验方法：观察，检查技术处理方案。

一般项目

6.1.2 清水混凝土的外观质量，应由监理（建设）单位、设计单位、施工单位对外观观感进行检查，作出记录。应根据清水混凝土的类别，从颜色、修补、气泡、裂缝、光洁度、对拉螺栓孔眼、明缝、蝉缝等表面观感指标进行确定，具体标准见表 6.1-1。

清水混凝土外观质量验收表　　　　表 6.1-1

项次	检查项目	普通清水混凝土	饰面清水混凝土	装饰清水混凝土	检查方法
1	颜色	颜色基本一致	颜色基本均匀，没有明显色差	颜色基本均匀一致，没有明显色差	距离墙面5m观察
2	修补	少量修补痕迹	基本无修补	基本无修补，图案及装饰片整齐无缺陷	距离墙面5m观察
3	气泡	气泡分散	气泡分散，最大直径不得大于8mm，深度不得大于2mm，每平方米不大于20cm^2	气泡分散，最大直径不得大于8mm，深度不得大于2mm，每平方米不大于20cm^2	距离墙面5m观察，尺量

续表

项次	检查项目	普通清水混凝土	饰面清水混凝土	装饰清水混凝土	检查方法
4	裂缝	宽度不大于0.2mm且长度不大于1000mm	宽度不大于0.2mm且长度不大于1000mm	宽度不大于0.2mm且长度不大于1000mm	尺量、刻度放大器
5	光洁度	无明显的漏浆、流淌及冲刷痕迹	无漏浆、流淌及冲刷痕迹，无油迹、墨迹及锈斑	无漏浆、流淌及冲刷痕迹，无油迹、墨迹及锈斑，无粉化物	观察
6	对拉螺栓孔眼	—	排列整齐,孔洞封堵密实,颜色同墙面基本一致,凹孔棱角清晰圆滑	排列整齐,孔洞封堵密实,颜色同墙面基本一致,凹孔棱角、图案及装饰物清晰圆滑	观察、尺量
7	明缝	—	位置规律、整齐,深度一致,水平交圈	位置规律、整齐,深度一致,水平交圈,图案及装饰片一致	观察、尺量
8	蝉缝	—	横平竖直,均匀一致,水平交圈,竖向垂直成线	横平竖直,均匀一致,水平交圈,竖向垂直成线,图案及装饰物一致	观察、尺量

检查数量：全数检查。

检验方法：观察，检查技术处理方案。

6.1.3 对于只有外观观感指标要求的工程，达不到预定要求的，经设计单位对外观效果确认，能满足设计效果的，可以不进行处理。

6.2 尺寸偏差

6.2.1 清水混凝土结构不应有影响结构性能和使用的尺寸偏差，对超过尺寸偏差且影响结构性能和设备安装、使用功能的部位，应由施工单位提出处理方案，监理（建设）单位、设计单位认可后进行处理。对经处理的部位，应重新进行检查验收。

检查数量：全数检查。

检验方法：测量，检查技术处理方案。

6.2.2 清水混凝土结构拆模后的尺寸偏差应符合表6.2-1的规定。

检查数量：按楼层、结构缝或施工段划分检验批。在同一检验批内，对梁、柱，应抽查构件数量的20%，且不小于5件；对墙、板，应按有代表性的自然构件的数量抽20%，且不小于5间；对大空间结构，墙可按相邻轴线间高度5m左右划分检查面，板可按纵、横轴线划分检查面，抽查20%，且均不少于5面。

6.2.3 结构允许偏差见表6.2-1。

结构允许偏差 表6.2-1

项次	检查项目		允许偏差(mm)			检查方法
			普通清水混凝土	饰面清水混凝土	装饰清水混凝土	
1	轴线位移	墙、柱、梁	5	5	5	尺量
2	截面尺寸	墙、柱、梁	±3	±3	±3	尺量
3	垂直度	层高	5	5	5	线坠
		全高	$H/1000$ 且≤30	$H/1000$ 且≤30	$H/1000$ 且≤30	
4	表面平整度		4	3	3	2m靠尺、塞尺
5	角、线顺直度		4	3	3	拉线、尺量
6	预留孔、洞口中心线位移		10	10	10	尺量
7	标高	层高	±8	±5	±5	水准仪、尺量
		全高	±30	±30	±30	
8	阴阳角	方正	3	2	2	尺量
		顺直	4	3	3	
9	阳台、雨罩位置		±5	±3	±3	吊线、尺量
10	分格条(缝)直线度		4	3	3	拉5m线，不足5m拉通线，钢尺检查
11	蝉缝错台		3	2	2	靠尺、塞尺

续表

项次	检查项目	允许偏差(mm)			检查方法
		普通清水混凝土	饰面清水混凝土	装饰清水混凝土	
12	蝉缝交圈	10	5	5	拉5m线，不足5m拉通线，钢尺检查
13	楼梯踏步宽度、高度	±3	±3	±3	尺量
14	保护层厚度	±3	±3	±3	尺量

注：检查轴线、中心轴线位置时，应沿纵横两个方向测量，并取其中的较大值。

7 成品保护

7.1 模板工程

（1）模板面板不得污染、磕碰；胶合板面板切口处必须涂刷两遍封边漆，避免因吸水翘曲变形；螺栓孔眼必须有保护垫圈。

（2）每次吊装前，应检查模板的吊钩是否符合要求，然后检查面板的几何尺寸、模板的拼缝是否严密，背后的龙骨及扣件是否松动，尤其注意检验面板与龙骨连接是否松动。

（3）成品模板存放于专门制作的钢管架上，且模板必须采用面对面的插板式存放，上面必须覆盖塑料布，存放区作好排水措施，注意防火防潮。

（4）模板入模前必须涂刷脱模剂，入模时，先用毛毯隔离钢筋和模板，避免钢筋刮碰面板。

（5）模板拆卸应与安装顺序相反，拆模时轻轻将模板撬离墙体，然后整体拆离墙体，严禁直接用撬杠挤压，拆下的模板轻轻吊离墙体。

（6）模板拆后及时清理，木模板面板破损处用铁腻子修复，并在修复腻子上刮两遍清漆，以免在混凝土表面留下痕迹；钢模板用棉丝沾养护剂均匀涂擦表面，以便周转。穿墙螺栓、螺母等相关零件也应清理、保养。

7.2 钢筋工程

（1）钢筋半成品经检查验收合格后，按规格、品种及使用顺序，分类挂牌堆放；存放的环境应干燥，延缓钢筋锈蚀，避免因钢筋浮锈影响清水混凝土表面效果。

（2）楼板底筋绑扎完毕后必须先搭设行人通道方可绑扎上

筋；严禁在板筋或梁筋上行走；严禁攀爬柱、墙箍筋；埋管、线盒时，严禁任意敲打和割断结构钢筋。

（3）泵管必须搭设支架，严禁直接放在梁、板钢筋上；严禁踩在板负筋上振捣。

（4）浇筑混凝土时，派专人检查混凝土浇筑过程中钢筋、预埋件以及钢筋保护层的限位卡，发现偏位及时校正。

（5）混凝土浇筑完毕后，必须及时清理墙、柱钢筋表面的混凝土。

7.3 混凝土工程

（1）拆除模板时，不得碰撞混凝土面，不得乱扒乱撬，底模内混凝土应满足强度要求后方可拆模；拆模前，应先退对拉螺栓的两端配件再拆模，拆下的模板应轻拆轻放。

（2）混凝土成品应用塑料薄膜封严，以防混凝土表面污染。上层浇筑混凝土时，模板下口设置挡板，避免水泥流浆污染下层混凝土。

（3）装饰、安装工程等后续工序不得随意剔凿混凝土结构，如需开洞的，要制定处理方案，并报经设计同意，方可施工。

（4）人员可以接触到的部位以及楼梯、预留洞口、柱、门边角，拆模后钉薄木条或粘贴硬塑料条保护。

（5）保持清水混凝土表面的清洁，不得做测量标记，禁止乱涂乱画。

（6）加强教育，避免人为污染或损坏。

8 安全保护

清水混凝土施工除应遵守《中华人民共和国安全生产法》、《建筑施工安全检查标准》(JGJ 59—99)、《中华人民共和国环境保护法》、《建筑安装工程安全技术规程》等国家及地方相关的施工现场安全生产管理规定外，尚应根据施工特点，编制具体的安全环保措施，并作好对操作人员的交底工作。

9 质量记录

9.1 《建筑工程资料管理规程》(DBJ 01-51—2003)中规定应形成的记录。

9.2 《工程建设监理规程》(DBJ 01-41—2002)中规定应形成的记录。

9.3 国家、行业、地方规范、规程规定应形成的记录。

9.4 清水混凝土专项验收表格，清水混凝土钢筋、模板、混凝土施工专项过程控制验收表格，见表 9.4-1、表 9.4-2、表 9.4-3。

清水混凝土模板进场检查表　　表 9.4-1

使用部位			施工时间		
施工班组			模板数量规格		
项次	检查内容	要求	检查情况及处理结果		检查人
1	模板出厂合格证、自检记录	齐全,主要性能参数符合要求			
2	模板面板	无污染、无破损、表面清洁			
3	模板拼缝外观	打胶饱满,胶条齐全,拼缝严密,符合方案要求			
4	模板拼缝交圈情况	不大于 5mm/10m			
5	模板拼装编号	符合施工方案及排板设计要求			
6	模板配件	齐全			
7	模板焊接及扣件连接	符合施工方案要求			
8	模板侧边及对拉螺栓孔眼处理	符合施工方案要求			
9	龙骨间距	小于 300mm			
10	面板平整度	2mm			
11	面板对角线	3mm			
12	单排钉眼间距	小于 150mm			
13	对拉螺栓孔眼中心线偏移	2mm			
14	堵头端头尺寸偏差	1mm			
15	堵头端头平整度	0.5mm			
16	明缝条截面尺寸偏差	1mm			
17	相邻板面高低差	1mm			
18	板面之间缝隙宽度	1mm(尺量)			

清水混凝土模板安装检查表 表 9.4-2

使用部位			施工时间	
施工班组			模板数量	

项次	检查内容	要求	检查情况及处理结果	检查人
1	基层及杂物	清理干净		
2	模板编号及控制线	符合施工方案要求		
3	明缝条安装情况	位置正确、咬合紧密		
4	模板拼缝偏差	不大于 2mm		
5	明缝及模板拼缝防漏浆措施	海绵条粘贴严密		
6	大模板之间拼缝交圈情况	不大于 5mm/10m		
7	模板垂直度	不大于 3mm		
8	模板就位后保护层厚度检查	符合规范要求		
9	堵头是否贴海绵垫	符合施工方案要求		
10	脱模剂涂刷情况	符合施工方案要求		
11	面板几何尺寸	±2mm		
12	阴阳角方正	3mm		
13	阴阳角顺直	3mm		
14	预留洞口中心线偏移	5mm		
15	预留孔洞尺寸	+5mm,0		
16	门窗洞口中心线位移	3mm		
17	门窗洞口宽、高	±5mm		
18	门窗洞口对角线	3mm		

混凝土施工过程检查表　　　　表 9.4-3

施工部位			施工时间		
施工班组			混凝土等级、数量		
项次	检查内容	要求	检查情况及处理结果		检查人
1	上道工序检查情况,隐蔽记录	验收通过,有书面记录			
2	施工班组技术交底	已经按要求交底			
3	混凝土供应通知单	符合施工方案要求			
4	开盘鉴定等资料	符合施工方案要求			
5	混凝土小票与浇筑部位情况	相符、一致,符合施工方案要求			
6	混凝土外观检查	符合施工方案要求			
7	坍落度测试	符合施工方案要求			
8	混凝土浇筑速度	符合施工方案要求			
9	混凝土浇筑时间间隔	符合施工方案要求			
10	润管砂浆情况	符合施工方案要求			
11	混凝土每点振捣时间	符合施工方案要求			
12	混凝土振捣间距	符合施工方案要求			
13	收口处浮浆的处理	符合施工方案要求			
14	混凝土浇筑时模板情况	符合施工方案要求			
15	混凝土浇筑时钢筋情况	无扰动、位置准确			
16	混凝土的养护	符合施工方案要求			
17	混凝土上口剔凿后标高	符合施工方案要求			
18	混凝土拆模后成品保护	符合施工方案要求			

47

附　清水混凝土施工案例

案例一　联想北京研发基地工程

项目名称：联想北京研发基地工程
完成单位：中国建筑第三工程局（北京）
编制人：张金序　王祥明　肖晋辉　万蒙义　周鹏华
　　　　　彭明祥　胡　鏖　赵虎军　郑玉华

一、工程概况

联想北京研发基地工程是2003年北京市60大重点工程之一（图1），该工程由联想集团（北京）公司投资兴建，中建三局（北京）总承建，北京市建筑设计研究院设计，北京华城监理有限责任公司监理。工程位于北京中关村上地信息产业基地1号地

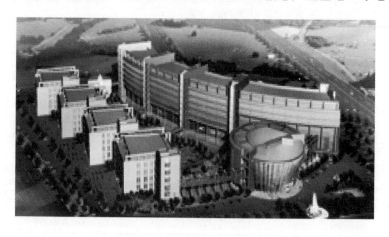

图1

块,占地面积 54609m²,总建筑面积 96156m²,包括南楼、北楼、西楼、东楼四个部分,地上四至八层,地下一层,建筑高度 20～35m,为框架剪力墙结构。本工程建筑设计新颖、造型简洁明快,各建筑个性鲜明,并相互呼应,浑然一体,它的建成成为一道独特的人文景观。

本工程设计外露墙体、独立柱、楼梯走廊、电梯厅以及室内会议室墙面等为清水饰面混凝土(图2)。通过查新,为国内首例大面积清水饰面混凝土工程,面积达 23000m²(竣工时清水饰面混凝土面积达到了 45000m²)。本工程清水饰面混凝土强度等级统一为 C30,颜色为青灰色。

图 2

该工程结构形式复杂,多为弧形和圆形结构形式。墙体截面由 140mm 到 600mm 不等,尤其是北楼薄梁只有 100mm 宽;结构施工期只有 7 个月,其中北楼二层以上均处在冬期施工阶段,施工难度大,其清水饰面混凝土施工具有很强的代表性。

联想北京研发基地工程获北京市 2003 年度结构"长城杯"金奖。2003 年 9 月 24 日,结合该项目清水饰面混凝土开发研究的课题"大面积清水饰面混凝土施工综合技术开发与应用"顺利通过了建设部科技司召开的成果鉴定,经专家鉴定为"属国内首创,达到国际先进水平,具有显著的经济效益和社会效益"。该成果获得了中建总公司科学技术奖二等奖,北京市科学技术奖三等奖。该成果还被评为 2003 年北京市经济技术创新工程优秀成果。2003 年 12 月 18 日,该工程顺利通过中建总公司科技推广示范工程验收,鉴定结论为:应用新技术水平达到国内领先水平。

本工程的质量管理小组获得了 2002 年度、2003 年度局优秀质量管理小组,获局优秀 QC 成果一等奖,全国 QC 小组发表赛一等奖。该工程还获得北京市 2003 年度"文明安全工地"称号,中建总公司 CI 金奖。抗击"非典"的战役中,本项目荣获北京市海淀区"防治非典型肺炎先进集体"称号,是海淀区获此殊荣的惟一的建筑施工项目。

二、清水混凝土概况

本工程建筑设计外露的墙、柱、梁以及楼梯间、电梯间、室内会议室墙面等部位均为清水混凝土,外刷透明无色保护涂料(图 3)。该工程的清水混凝土定义为装饰性清水混凝土,是属于高级清水混凝土的范畴,我们将本工程的清水混凝土的概念定义为:清水饰面混凝土是以混凝土本身的自然质感和精心设计安排的明缝、蝉缝和对拉螺栓孔组合形成的自然状态作为装饰面的混凝土。它是一次成型,不做任何外装饰,拆模后即达到高级抹灰标准,要求明缝、蝉缝及对拉螺栓孔的设置整齐美观,且不允许出现任何明显的观感缺陷。

联想北京研发基地工程清水饰面混凝土的施工效果非常好。通过实测,混凝土表面的颜色、平整度、光洁度、明缝和蝉缝等指标均达到了预期效果,合格率均达到 95% 以上。清水饰面混

图 3

凝土的施工质量得到了美国、日本、荷兰及国内有关专家的高度评价,也获得了业主、设计、监理以及众多参观者的一致好评。特别是一些业主和设计师都对清水饰面混凝土这种新的建筑形式表现出了极大的兴趣(图 4)。

图 4

2003 年 9 月 24 日,建设部科技司主持召开了"大面积清水饰面混凝土施工综合技术开发与应用"成果鉴定会(图 5)。鉴定委员会通过认真审查和讨论，一致认为：该项目在施工过程中充分注意到饰面效果设计与施工技术、混凝土的配制与制备技术、模板设计与施工技术、混凝土施工技术等，具有很深的科学性和实践性；该项技术在清水饰面混凝土的施工工艺上有创新，具有很好的装饰效果，满足耐久性的要求。总结形成的清水饰面混凝土施工工艺标准和工法，实用性强，具有很强的指导意义。"大面积清水饰面混凝土施工综合技术开发与应用"成果，经查新属国内首创，达到了国际先进水平，具有显著的经济效益和社会效益，为今后类似工程的施工和推广应用提供了宝贵的经验。

图 5

三、施工组织管理

联想研发基地工程是目前国内首例大面积清水饰面混凝土工程，课题"大面积清水饰面混凝土施工综合技术开发与应用"列入了中建总公司 2002 年度科技发展计划项目。针对清水饰面混凝土这样一个没有经验可以借鉴，没有标准可以参考的新课题，项目部专门成立了"清水饰面混凝土实施小组"，对现场课题进行专项攻关和实施。

项目组全体清水饰面混凝土科技攻关的参战人员以严谨负责

的工作态度和无私的奉献精神是清水饰面混凝土施工成功的保证。大面积清水饰面混凝土的成功，除了项目技术人员的努力，另外一个关键因素，就是施工管理。中建总公司郭爱华副总经理视察联想项目时这样评价："我们除了技术优势外，就是先进的企业管理，即使同样的技术在别的企业也很难做出我们同样的产品。"

项目部为确保清水饰面混凝土施工质量，每一个环节大家都认真细致地研究，确保万无一失。对各个课题的关键技术进行了专项研究和试验。根据甲方和设计想象的混凝土表面颜色进行混凝土原材料的选择、配合比的设计与优化、先后进行了40个试块的试验，确定了混凝土的原材料和配合比。为了混凝土表面饰面效果的实现，又组织了各相关单位会同设计单位从模板的深化设计、细部节点的设计与施工进行了3种明缝做法、3种阴阳角做法、3种对拉螺栓类型、4种蝉缝设计与施工方法、4种类型

图6

堵头等6个样板墙的实验性施工，初步选定施工方法后在地下室墙体进行实践，成功后才进行实体施工（图6）。在试验的基础上进行详细工程施工方案的编写和技术交底，使施工方案和技术交底具有指导性、针对性和可操作性。在实体施工中，又在施工现场进行工人的交底和演示，从模板的吊装、钢筋扎丝的方向、振捣的部位等都进行了详细的书面技术交底和现场演示，并进行逐点检查，合格后方可进行隐蔽。每次拆完模板后又会合各参与单位进行深层次的总结，再进行方案的调整和技术交底。这样的良好循环保障了清水饰面混凝土的施工质量，使方案和技术交底同时得到很好实施。

四、清水混凝土施工简介

1. 工程施工部署

（1）施工区划分

本工程为群体建筑，地下、地上结构施工时按楼座方位划分为东、南、西、北四个施工区（图7）。

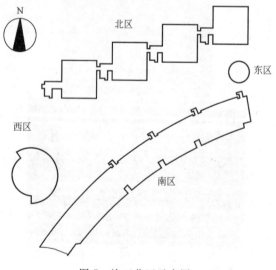

图7 施工分区示意图

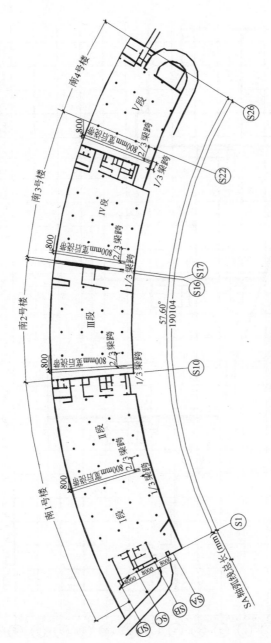

图 8 南楼地下结构施工分段示意图

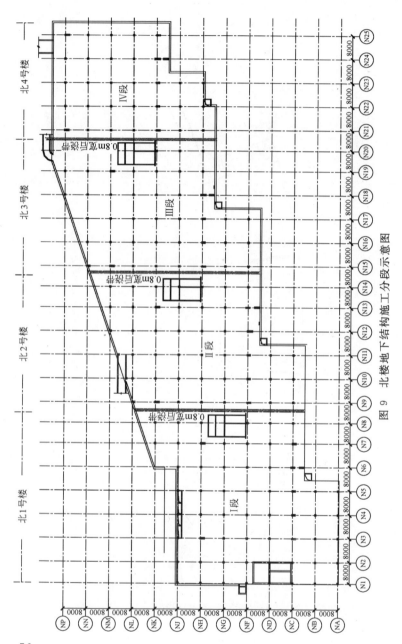

图 9 北楼地下结构施工分段示意图

(2) 地下结构施工段划分

南区呈弧形状，地下室外弧长235m，内弧长189m。按设计图纸30～40m设置800～1000mm宽后浇带的原则，在S5和S6轴之间留设一道，在S10和S11轴之间留设一道，在S17和S18轴之间留设一道，在S21和S22轴之间留设一道，后浇带宽度为800mm。四道后浇带将南楼划分为5个施工段，其中南1号楼和南2号楼为Ⅰ、Ⅱ、Ⅲ段，进行流水施工；南3号楼和南4号楼为Ⅳ、Ⅴ段，进行流水施工（图8）。

北区呈阶梯状，地下室总长185m，在N8和N9轴之间留设一道后浇带，在N14和N15轴之间留设一道后浇带，在N20和N21轴之间留设一道后浇带，后浇带宽800mm。三道后浇带将北楼划分为4个施工段。其中北1号楼和北2号楼为Ⅰ、Ⅱ段，进行流水施工；北3号楼和北4号楼为Ⅲ、Ⅳ段，进行流水施工（图9）。

东、西区面积小，采取整体施工方式。

(3) 地上结构施工段划分

南区地上结构在S16和S17轴之间设计了伸缩缝，在地上结构中，除以此伸缩缝取代S17和S18之间设置的后浇带外，其余后浇带位置同地下结构，施工段的划分以及流水方式均与地下结构施工相同（图10）。

北区地上结构在北1号楼、北2号楼、北3号楼、北4号楼之间设计了伸缩缝，因此，地上结构以伸缩缝为界进行Ⅰ段和Ⅱ段、Ⅲ段和Ⅳ段流水施工（图11）。

2. 工程施工总体部署

本工程按照原计划施工安排，南区地下室、西区、北区主体结构在11月底（即严冬来临之前）完工，避免冬期施工对清水混凝土的影响。但在实际施工过程中，由于甲方图纸影响，实际施工为北楼二层以上均处于冬期施工期。

结构施工期间，本工程总共配置2个作业队，其中北区Ⅰ段、Ⅱ段和南区Ⅰ段、Ⅱ段、Ⅲ段及西区配备一个作业队进行流

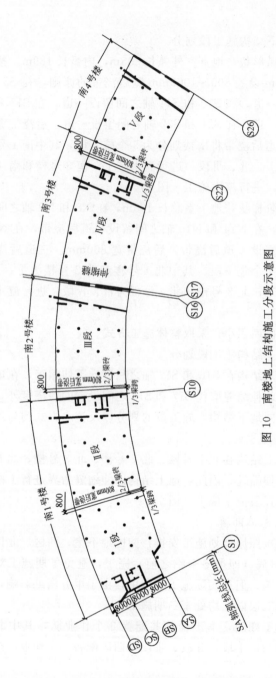

图 10 南楼地上结构施工分段示意图

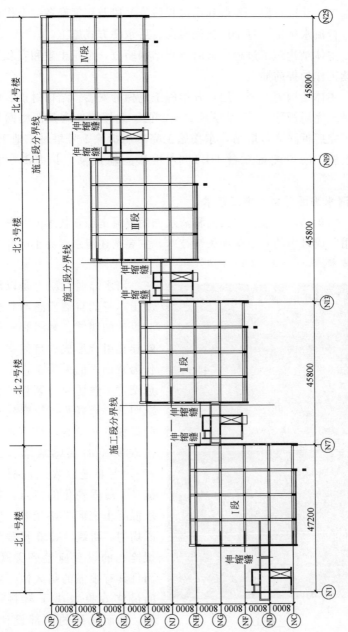

图 11 北楼地上结构施工分段示意图

水施工，北区Ⅲ段、Ⅳ段和南区Ⅳ段、Ⅴ段及东区配备一个作业队进行流水施工。每个区按先竖向、后水平方式施工。

主体结构施工过程中适时进行结构验收，组织土建和安装等后续工作的提前插入。

主体结构施工至6层，开始施工电梯的安装。结构封顶、设备吊装完后拆除4、5号塔吊。南、西、北楼钢连廊及西楼网架施工完后拆除3号塔吊，东楼施工完毕后拆除1号塔吊。地下、地上施工阶段配备5台HBT60A混凝土输送泵（其中1台备用）。

3. 清水饰面混凝土施工技术

本章结合该工程"大面积清水饰面混凝土综合技术的开发与应用"成果中的6项单项关键技术，主要阐述清水混凝土综合施工技术。

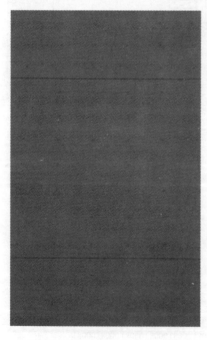

图12

清水饰面混凝土是以混凝土本身的自然质感与和精心设计的明缝、蝉缝和对拉螺栓孔组合形成的自然状态作为装饰面的混凝土，一次成型，不做任何外装饰，要求明缝、蝉缝及对拉螺栓孔的设置整齐美观，且不允许出现明显的观感缺陷（图12）。主要是以表现混凝土流动、凝固硬化的特点，要求混凝土表面平整光滑、色泽均匀，明缝、蝉缝及对拉螺栓孔的设置应整齐美观，而且具有很强的耐久性，它的最终效果取决于材料调配，饰面效果的细部设计，模板的设计,混凝土的拌制、浇筑、养护以及涂料的种类等多种因素。

(一) 清水饰面混凝土饰面效果设计与施工技术

混凝土的饰面效果要求在模板的深化设计中通过对模板的选择,对拉螺栓的设计,明缝、蝉缝的设计以及装修中一次成形的滴水线、窗框条的细部处理都进行了深化,达到拆模后一次成形。通过查新,该项技术为国内首创。

(1) 明缝设计与施工

明缝是清水饰面混凝土表面的装饰线条并将混凝土进行分块。水平明缝与楼层施工缝结合考虑,每层设一道水平明缝与楼层施工缝吻合;竖向明缝根据构件形式确定,一般设置在构件中部,使缝两侧对称。本工程考虑到明缝处钢筋保护层厚度,最终将外立面明缝深度确定为10mm,宽度为20mm。

明缝要求线条顺直、平整光滑,因此,预埋明缝条必须有足够的硬度,能保证清水饰面混凝土明缝观感质量,而且便于与模板固定安装。综合比较硬木条、不锈钢、塑料条等几种材料,选用了质量较好、便于安拆以及具有良好经济效益的塑料条。另外,为了便于明缝条的拆除,将明缝条加工成企口状,在明缝条表面涂抹脱模剂或黄油。明缝条的安装节点做法见图13。

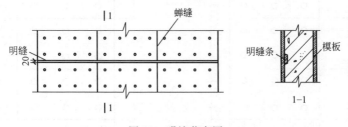

图 13 明缝节点图

(2) 蝉缝设计与施工

蝉缝是清水饰面混凝土表面经精心设计的有规律的装饰线条,其利用模板拼接缝形成。清水饰面混凝土蝉缝设计必须根据

建筑物的结构形式、模板的规格、施工安排、饰面效果综合进行考虑,既要保证整栋建筑的蝉缝水平交圈,竖向的垂直成线,又

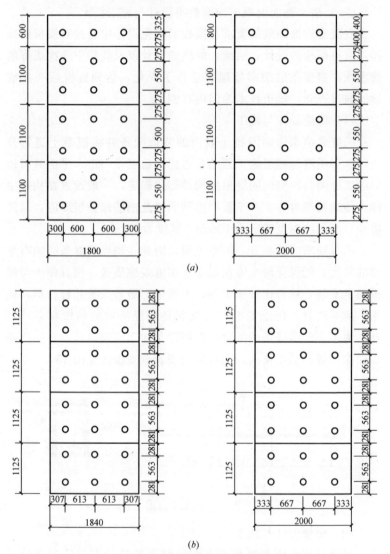

图14 模板配板图
(a)北楼模板配板图;(b)西楼模板配板图

要能使模板尽可能多的周转使用。

本工程采取竖向结构与水平结构同步的施工顺序，根据建筑结构的设计尺寸进行模板设计，北楼标准层层高3900mm，北楼的边框尺寸按4100mm进行加工，面板高度为3900mm，高度方向的拼装尺寸为（1100、1100、1100、600mm）。北楼模板改装后作为南楼模板，拆掉最上边的600mm高模板，改为800mm高模板；南楼面板为4100mm高，高度方向的拼装尺寸为（1100、1100、1100、800mm）；西楼也是按层高设计，按4500mm取面板高度，高度方向的拼装尺寸为（1125、1125、1125、1125mm），东楼模板按实际进行加工，具体尺寸见图14所示。

清水饰面混凝土蝉缝的质量控制主要是模板拼接缝的处理，模板拼缝不严密、模板侧边平整度不够、相邻模板厚度不一致等问题都会造成拼接缝处漏浆或错台，影响蝉缝观感质量，为保证模板拼接缝的质量，采取以下措施。

1）加工场在拼装组合大模板时，蝉缝里加垫密封条或海绵条，且模板的切边部位均需刷2~3遍封边漆。

2）模板拼接处背面打胶须采取专用工具，打胶后密封条沿蝉缝贴好，再用木条压实，用钉子钉牢，贴上胶带纸，如图15所示。

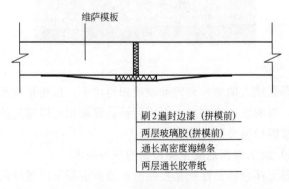

图15 蝉缝拼接做法

3）加工模板时，要求模板面板突出边框1～2mm，在模板安装时在竖向边框之间加橡胶密封带，这样既能保护面板，又能保证竖向拼接缝质量。

（3）对拉螺栓设计与施工

对拉螺栓不仅是模板体系的重要受力构件，其成型后的孔眼还是清水饰面混凝土表面的重要装饰，在清水饰面混凝土中有着重要作用。对拉螺栓除满足模板受力要求外，还要满足排布要求，排布位置和直径大小要满足设计要求。本工程经过试验对比选用了施工简便、质量比较容易控制的直通型对拉螺栓。直通型对拉螺栓施工操作方便，截面精度好控制，观感比钢制丝扣锥接头对拉螺栓好，表面无污染，增加柔性海绵垫以保护面板不受损伤，并控制板面与螺栓堵头之间缝隙，使螺杆孔不跑浆，增加控制点，其配套的塑料堵头和套筒有足够的刚度和硬度（图16）。

图16

选择强度大的塑料套筒和硬质塑料堵头，以免造成孔眼变形或漏浆，影响墙体平整度，拆模后将套筒取出可以重复使用。直通型对拉螺栓组合见图17所示。

（二）清水饰面混凝土拌合物的制备技术

混凝土拌合物的性能是控制清水饰面混凝土质量的内因，其直接关系到混凝土成型后的观感效果。清水饰面混凝土关键是控

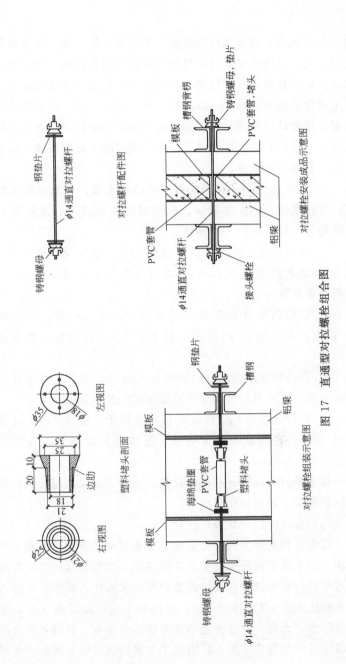

图 17 直通型对拉螺栓组合图

制混凝土颜色、表面气泡的数量、光洁度、密实度等观感效果以及耐久性，这些需要通过原材料的优选和质量控制、配合比的优化以及生产过程的有效控制，进而改变混凝土拌合物的性能和混凝土硬化后的各种性能，以达到最佳的预期效果。清水饰面混凝土配合比设计应在满足对混凝土强度要求的前提下具有良好的施工性能、良好的耐久性和满足清水饰面混凝土的特殊观感要求。

（1）原材料选择

1）水泥选用 42.5R 级的普通硅酸盐水泥，要求质量比较稳定、含碱量低、C_3A 含量少、标准稠度用水量小，水泥原材料色泽均匀，且采用同一批熟料。

2）碎石选用连续级配好，颜色均匀，含泥量小于 1%，大于 5mm 的泥块含量小于 0.5%，针片状颗粒含量不大于 15%，骨料不带杂物。

3）砂的细度模数要求在 2.3 以上，颜色一致，含泥量在 3% 以内，大于 5mm 的泥块含量小于 1%，有害物质按重量计 ≤1%。

4）掺合料选用北京电力粉煤灰工业公司生产的磨细Ⅱ级粉煤灰和唐山工贸有限公司生产的磨细矿粉作为掺合料。

5）外加剂选用北京建筑工程研究院生产的 AN10-2 高效泵送剂（液体），其减水效果明显，能够满足混凝土的各项工作性能。

以上原材料应有足够的存储量，至少要保证两层或同一视觉空间的混凝土原材料用量。

（2）混凝土配合比设计优化

首先根据混凝土的性能要求及技术指标要求调整混凝土的配合比，初步确定混凝土的生产工艺参数及性能指标。模拟现场施工过程进行模拟试验，通过调整砂率和水胶比，观察在不同砂率和水胶比发生±2%的变化时，对混凝土的性能影响程度，振捣是否泌水、离析，对表面光洁度及色差的影响。混凝土配合比初步确定后，在现场按照实际的施工方案做试验墙上试验，并根据试验墙的情况进一步优化,最终确认施工配合比。

清水饰面混凝土的配合比经过多次试配,初步确定后,在现场按照实际的施工方案做试验墙及在现场地下室墙体上试验,通过试验墙对混凝土的配合比以及模板体系、施工工艺等进行确认,并根据试验墙的情况进一步优化配合比,最终经业主、设计、监理确认的配合比作为清水饰面混凝土正式施工的配合比,见表1、表2。

C30 混凝土配合比　　　　　　　　　　　　表 1

强度等级	C30		水胶比		0.45	砂率	45％
材料名称 项目	水泥	水	砂	石	外加剂 (AN10-2)	掺合料 (Ⅱ级粉煤灰)	矿粉
每 m³ 用量 (kg)	281	170	841	1028	9.52	65	35

C30 混凝土配合比（冬期）　　　　　　　　表 2

强度等级	C30		水胶比		0.436	砂率	44％
材料名称 项目	水泥	水	砂	石	外加剂 (AN6)	掺合料 (Ⅱ级粉煤灰)	矿粉
每 m³ 用量 (kg)	297	170	826	1038	13.65	56	37

（三）清水饰面混凝土模板设计与施工技术

（1）模板体系的选择

对钢模体系和木模体系进行比较,钢模板重量大,混凝土表面气泡较多,表面锈蚀和脱模剂容易引起混凝土表面色差。木模板虽然质量轻但是不能满足设计所要求的对拉螺栓孔位置要求,整体刚度也较低。根据清水饰面混凝土模板的要求,综合钢模体系和木模体系优点,并经过试验后选用了钢木组合体系模板,即主龙骨为10号槽钢,次龙骨采用S150型铝梁,面板采用芬兰进口维萨模板（图18）。

（2）模板加工与节点做法

为避免混凝土出现蝉缝不交圈、漏浆、跑模和胀模、烂根、

图 18 钢木组合模板体系

错台等混凝土质量通病，对模板的明缝、蝉缝、阴阳角、预埋件做法等细部节点进行深化设计，并通过样板墙进行验证和改进（图 19）。

图 19 模板安装

(3) 模板拆除与模板维护

模板按照施工方案进行拆除，并加强对清水饰面混凝土的保护，特别是对拉螺栓孔的保护。拆模后模板及时清灰，刷脱模剂，检查面板的几何尺寸和拼缝、龙骨及扣件松动情况，以防使用时面板脱落，及时清理保养穿墙螺栓等相关配件。

(4) 楼层施工缝（明缝）模板施工处理

外墙模板的支设是利用下层已浇混凝土墙体的最上一排对拉螺栓孔眼，通过螺栓连接槽钢来达到模板支撑的操作面。支上层墙体模板时，通过螺栓连接，将模板与已浇混凝土墙体贴紧，利用固定于模板板面的装饰条，杜绝模板下边沿错台、漏浆，贴紧前将墙面清理干净，以防因墙面与模板面之间夹渣的存在，造成漏浆，明缝与楼层施工缝具体做法见图20。

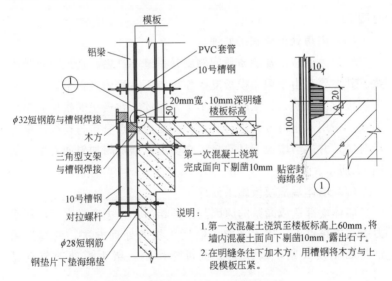

图20 明缝与楼层施工节点做法图

(5) 阴角处模板施工处理

阴角处模板变形主要原因是：由于螺杆为受力点，使模板受力不均，不但造成螺杆跑浆，也造成模板变形。阴角模板配模图

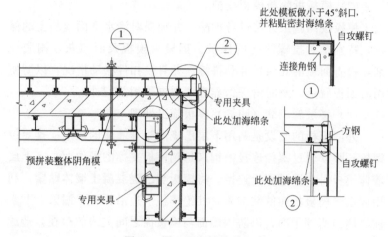

图 21 阴、阳角配模节点图

见图 21。

(6) 阳角处模板施工处理

阳角处通常出现的质量问题就是拼缝不严密，造成阳角处跑浆。其主要是由于阳角模板支撑作用点不在受力点，卡具不能保证模板背面密实，施工时发现不了。因此，在模板的拼接处垫海绵条，采用双止口方式进行支撑，使受力角点直接与模板接触力点对应，并适当增加卡具数量，在受力点增加附加斜向支撑，如图 21 所示。

(7) 墙体端部模板施工处理

墙体端部造成漏浆的原因与阳角相似，也主要是由于模板受力点与支撑点不一致，采取内嵌堵头板的处理方法，两端用槽钢将墙侧模夹紧，以保证节点拼缝严密，堵头板处理节点见图 22。

(8) 钉眼施工处理

为保证清水饰面混凝土的效果，对于直形清水饰面混凝土墙体模板，面板与龙骨采用木螺钉背面连接，木螺钉间距控制在 150mm 以内。直形墙体模板使用前必须检查螺钉与面板的连接

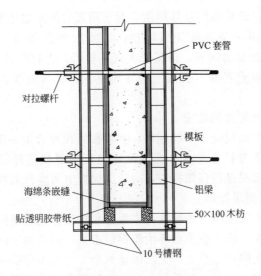

图 22 堵头板处理节点

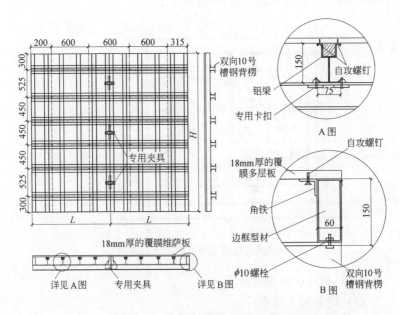

图 23 龙骨与面板连接示意图

情况，以保证模板的整体刚度。对于圆弧形清水墙体模板，面板与龙骨采用沉头螺栓正钉连接，为减少外露印迹，钉头下沉1mm，表面刮油腻子，待腻子表面平整后，在钉眼位置喷清漆，使其在混凝土表面不会留下明显痕迹，龙骨与面板连接示意见图23。

(9) 预埋件的处理

清水饰面混凝土不能剔凿，各种预留预埋必须一次到位，预埋位置、质量符合要求。在混凝土浇筑前对预埋件的数量、部位、固定情况进行仔细检查，确认无误后方可浇筑混凝土。

(10) 假眼处理

清水饰面混凝土的螺栓孔布置必须按设计的效果图进行，但由于部分墙、梁、柱节点等由于钢筋密集，或者由于两个方向的对拉螺栓在同一标高上，无法保证两个方向的螺栓都安装，为满足设计要求，需要设置假眼。假眼采用同直径的堵头，用同直径的螺杆固定，假眼做法见图24所示。

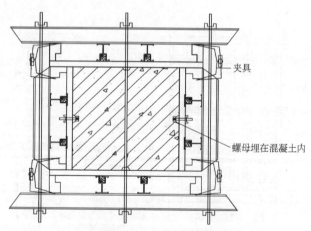

图24 独立柱清水饰面混凝土假眼做法

(四) 钢筋工程施工技术

(1) 钢筋加工制作

钢筋加工时考虑钢筋的叠放位置和穿插顺序，根据钢筋的占位避让关系,确定加工尺寸。重点考虑钢筋接头形式、接头位置、搭接长度、锚固长度等对钢筋绑扎影响的控制点,通长钢筋应考虑端头弯钩方向控制,以保证钢筋总长度及钢筋位置准确。

(2) 钢筋安装

入模的钢筋要保持清洁,无明显水锈,不得带有油污泥土或壳锈;保证钢筋定位,任何情况下都不得出现露筋现象;钢筋绑扎扎丝,拧紧不少于两圈,丝尾倒向墙内,每一竖向及水平钢筋交叉点均绑扎;塑料卡环呈梅花形放置,且颜色与混凝土的颜色要接近。

(3) 对拉螺栓与钢筋的协调处理

清水饰面混凝土的对拉螺栓位置均为固定位置,为避免螺栓孔眼和钢筋发生冲突,模板就位前先在地面上弹出螺栓孔的位置,竖向设置标识杆。遇到对拉螺栓与钢筋发生矛盾时,将相邻的几排钢筋进行适当调整,但调整幅度必须在规范允许范围内,以确保对拉螺栓安装位置(图25)。

图 25

(五) 清水饰面混凝土施工技术

(1) 混凝土的浇筑

浇筑前，做好混凝土浇筑计划和协调准备工作，控制好预拌混凝土的质量，保证混凝土性能的同一性。混凝土必须连续浇筑，其施工缝必须留设在明缝处，避免产生施工冷缝，影响混凝土观感质量。混凝土振捣时间，以混凝土表面呈水平并出现均匀的水泥浆、不再有显著下沉和大量气泡上冒时停止。

（2）混凝土的养护

混凝土在同条件试块强度达到3MPa（冬期不小于4MPa）时进行拆模，拆模后及时进行养护，以减少混凝土表面出现色差、收缩裂缝等现象（图26）。清水饰面混凝土养护采取覆盖塑料薄膜和阻燃草帘，并洒水养护相结合的养护方案，拆模之前和养护过程中都要洒水保持湿润，养护时间不少于7d。冬期施工时，不能洒水养护，采用涂刷养护剂与塑料薄膜、阻燃草帘相结合的养护方案，养护时间不少于14d。

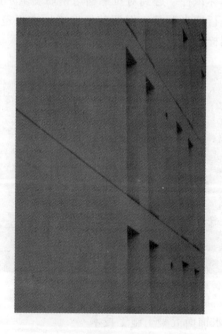

图26

(3) 混凝土的成品保护

后续工序施工时要注意对清水饰面混凝土的保护,不得碰撞及污染清水饰面混凝土结构;在混凝土交工前,对外墙用塑料薄膜进行保护,以防混凝土面污染,对于人员可以接触的部位以及楼梯、预留洞口、柱、门边、阳角,拆模后钉薄木条或粘贴硬塑料条保护。另外,要加强教育,避免人为污染或损坏。

(六) 混凝土透明涂料的施工技术

清水饰面混凝土施工完成后,在清水饰面混凝土表面,涂刷高耐久性的常温固化氟树脂透明保护涂料,在混凝土表面形成透明保护膜,使表面质感及颜色均一,提高混凝土外观效果,从而起到长久保护混凝土,并保持混凝土自然机理和质感的作用。

案例二　郑州国际会展中心工程
（展览部分）

项目名称：郑州国际会展中心（展览部分）
完成单位：中国建筑第八工程局第二建筑公司
编制人：李忠卫

一、工程概况

郑州国际会展中心（展览部分）位于郑州市郑东新区中央商务区内，建筑面积17.6万m^2，地下2层，附房部分地上6层，1～4层层高4m，5～6层层高6m，展厅部分2层，层高16m，工程南北长约390m，东西长约180m，附房1～6层为钢筋混凝土剪力墙结构，展厅部分为预应力钢筋混凝土结构，屋面结构为跨度152m的斜拉悬索钢结构。

二、清水混凝土概况

清水混凝土外观面积大：三区东立面11400m^2，三区山墙620m^2；一区山墙620m^2，二区山墙挂板5860m^2，一区六层西立面1500m^2；四区车道圆形柱5300m^2，四区车道梁板结构14472m^2，南北环行车道约6000m^2；一区室内现浇面5000m^2，挂板面5000m^2，梁侧、门洞侧壁等其他构件清水混凝土面合计1500m^2。总计清水混凝土施工展开面积为56272m^2。

保持自然本色：该工程清水混凝土作为建筑外装饰的一部分，对混凝土外观不加任何其他装饰，保持混凝土的自然肌理。

造型华丽：立面上设计有纵横向建筑分格缝，直径300mm圆形装饰凹孔，模板体系留下的面板拼缝形成有规律的蝉缝和对拉螺栓孔眼留下的点缀，使整个建筑立面活泼生动。

结构形式多样：涉及清水混凝土结构面的结构构件有现浇直形剪力墙、弧形剪力墙、框架梁，附墙柱，圆形柱，结构梁板，建筑墙，现浇装饰挂板等。

郑州国际会展中心工程(展览部分)清水混凝土施工组织设计

目 录

1 工程概况 ·· 79
　1.1 工程概况 ··· 79
　1.2 工程特点 ··· 79
2 编制依据 ·· 79
　2.1 施工图纸 ··· 79
　2.2 有关国家、行业、地方规范标准 ··· 79
3 施工部署 ·· 80
　3.1 总体部署 ··· 80
　3.2 施工目标 ··· 82
　3.3 施工进度计划 ·· 82
　3.4 施工力量安排 ·· 82
　3.5 材料组织 ··· 84
4 施工方案和技术措施 ·· 86
　4.1 清水混凝土施工顺序 ·· 86
　4.2 模板工程 ··· 86
　4.3 钢筋工程 ··· 90
　4.4 混凝土工程 ·· 94
5 施工质量保证措施 ·· 103
　5.1 质量保证措施 ·· 103
　5.2 成品保护和防雨措施 ·· 104
　5.3 安全、环保措施 ··· 106

1 工程概况

1.1 工程概况

郑州国际会展中心（展览部分）清水混凝土结构面施工范围为：三区东立面（含外露墙体、梁、门口外侧壁），一区、三区①、㊶轴线现浇清水混凝土山墙和二区①、㊶轴线清水混凝土挂板，一区室内观景走廊墙体、六层西立面、观景走廊玻璃栏杆外侧梁的梁侧和梁底，四区车道圆形柱、梁板结构，南北环行车道。

1.2 工程特点

1.2.1 建筑特点

清水混凝土外观面积大：三区东立面 $11400m^2$，三区山墙 $620m^2$，一区山墙 $620m^2$，二区山墙挂板 $5860m^2$，一区六层西立面 $1500m^2$，四区车道圆形柱 $5300m^2$，四区车道梁板结构 $14472m^2$，南北环行车道约 $6000m^2$，一区室内现浇面 $5000m^2$，挂板面 $5000m^2$，梁侧、门洞侧壁等其他构件清水面合计 $1500m^2$，合计清水混凝土施工展开面积为 $56272m^2$。

造型华丽：立面上设计有纵横向建筑分格缝，直径 300mm 圆形装饰凹孔，模板体系留下的面板拼缝形成有规律的蝉缝和对拉螺栓孔眼留下的点缀，使整个建筑立面活泼生动。

1.2.2 结构特点

结构形式多样：涉及清水混凝土结构面的结构构件有现浇直形剪力墙、弧形剪力墙，框架梁，附墙柱，圆形柱，结构梁板，建筑墙，预制挂板等。

2 编制依据

2.1 施工图纸

郑州国际会展中心工程施工图纸（展览部分）。

2.2 有关国家、行业、地方规范标准

《混凝土结构工程施工质量验收规范》（GB 50204—2002）

《混凝土外加剂应用技术规范》(GBJ 119—98)
《混凝土强度检验评定标准》(GBJ 107—87)
《建筑工程施工质量验收统一标准》(GB 50300—2001)
《钢筋机械连接通用技术规程》(JGJ 107—96)
《钢筋焊接及验收规程》(JGJ 18—2003)
《工程测量规范》(GB 50026—93)
《建设工程文件归档整理规范》(GB/T 50328—2001)
《混凝土泵送施工技术规程》(JGJ/T 10—95)
《钢筋焊接接头试验方法标准》(JGJ/T 139—2001)
《建筑施工扣件式钢管脚手架安全技术规程》(JGJ 130—2001)
《型钢混凝土组合结构技术规程》(JGJ 138—2001)
《建筑机械使用安全技术规程》(JGJ 33—2001)
《普通混凝土用砂质量标准及检验方法》(JGJ 52—92)
《普通混凝土用碎石及卵石质量标准及检验方法》(JGJ 53—92)
《普通混凝土配合比设计规程》(JGJ 55—2000)
《建筑施工安全检查标准》(JGJ 59—99)

3 施工部署

3.1 总体部署

"清水混凝土施工"是郑州国际会展中心结构施工中的一个关键环节，为了保证清水混凝土施工的顺利进行和成功实现预定装饰效果，各级管理人员必须高度重视。因此，需要做好以下工作：

3.1.1 施工技术方面

1. 清水混凝土施工验收标准：在国家混凝土结构工程验收标准的基础上，增加装饰要求，公司主动配合业主、监理编制确定该标准。

2. 清水混凝土施工工艺标准：在中国建筑总公司企业标准的基础上，结合本工程的施工特点，编制适合本工程施工要求的施工工艺标准。

3. 做好清水高性能混凝土配合比的试验工作：与江苏建科院共同对清水混凝土配合比进行研究和试配，确定满足要求的施工配合比。

4. 做好模板体系的选择：模板的面板全部采用芬兰进口"维萨板"，圆柱采用定型大钢模板，支撑体系采用中建柏利模板公司成套体系。

3.1.2 施工管理方面

1. 制定科学合理的质量保证措施。
2. 健全管理组织机构，制定严格的施工管理措施。
3. 加强操作技能培训，对全体施工人员进行质量意识教育。
4. 加强监督检查，建立分级责任管理制度。
5. 落实成品保护措施。
6. 做好搅拌站、实验室的管理工作。
7. 做好混凝土缺陷修补的预案措施。
8. 做好清水混凝土的施工试验工作。

3.1.3 需监理配合工作

1. 提供过程监督服务。
2. 协调好相关方的工作。

3.1.4 需设计配合工作

1. 明确提出设计要求，确定清水混凝土面的应用范围。
2. 结构设计确定合理的混凝土保护层厚度和防裂措施。
3. 明确混凝土外观建筑要求。
4. 防止门窗洞口开裂的措施。
5. 明确混凝土保护涂料。
6. 明确细部节点设计详图。

3.1.5 需业主配合工作

1. 配合施工单位做好模板的选择。
2. 确定模板的造价。
3. 确定模板的支设成本。
4. 确定混凝土的造价。

5. 对技术措施的确认与支持。
6. 解决好施工质量与施工工期的矛盾。
7. 解决好施工质量与工程投资的矛盾。

3.2 施工目标

3.2.1 工程质量目标

工程质量目标：按郑州国际会展中心项目部的标准进行验收。

3.2.2 工程工期目标

工程工期目标：满足总工期，依据施工现场情况，单独安排计划并报监理批准。

3.2.3 安全生产目标

安全生产目标：确保省级安全文明标准化工地。杜绝死亡事故，轻伤频率控制在 1.5‰ 以内。

3.2.4 文明施工目标

文明施工目标：确保省级安全文明标准化工地，中建总公司"CI 达标创优"示范工地。

3.2.5 科技推广目标

科技目标：申报河南省科技示范工程，按照科技示范工程的标准制定方案，并认真组织实施，确保通过验收。

3.3 施工进度计划

施工进度随总体施工计划进行安排，施工时间可适当放宽，确保施工质量。

3.4 施工力量安排

建立以项目经理为首的领导小组，下设材料组、试验室、技术组、操作组、搅拌站。

3.4.1 清水混凝土施工领导小组

组长：×××

副组长：×××

材料组：×××

试验室：×××

技术组：×××

搅拌站：×××

工程一部：×××

工程二部：×××

3.4.2 各小组职责

组长：全面领导、协调、部署施工管理工作，从人、财、物等方面给予支持。制定有针对性的管理措施，确保清水混凝土施工质量。

副组长：负责各分管范围内的配合工作，完成分管的施工任务。

材料组：负责材料按时供应，尽可能多地收集材料信息，为施工提供优质材料，严格把好材料进场关，确保材料质量。

试验室：负责对原材料的性能检查，试配混凝土配合比，对混凝土的性能进行测试，确保配置满足施工需要的配合比，提供高性能混凝土的试块颜色，为配合比的最后确定提供依据。

技术组：编制清水混凝土的试验方案和施工技术措施，负责对工人进行施工工艺技术交底，借鉴和收集好的做法和方法，实施过程中，检查施工操作要点是否可行，对疑难问题进行攻关，总结施工经验和成果，做好施工技术管理工作，检查方案和措施的贯彻执行情况。

操作组：是清水混凝土施工全过程的管理责任者和直接指挥者，要认真领会设计意图，掌握操作要领，一丝不苟地做好本职工作，杜绝违章作业，实行岗位挂牌制，明确责任和义务，完成好本职工作。

搅拌站：认真执行配合比，严把材料验收关，将不合格材料拒之门外，确保混凝土的保质、保量供应。

3.4.3 施工作业人员安排

清水混凝土施工专业队：

共计250人，其中混凝土工40人，木工80人，钢筋工30人，信号工5人，试验工人5人，搅拌机操作技工25人，司机

25人，高级装饰木工20人，电焊工5人，电工5人，瓦工10人。

清水面施工专业队人员基本要求：

具有初中以上文化程度，本工种三年以上工作经验，年龄20～45岁之间，身体健康、无心脏病、高血压、精神病等，责任心强，经过专业施工培训合格。

3.5 材料组织

3.5.1 混凝土原材料组织

清水混凝土原材料见表1。

清水混凝土原材料表　　　　　表1

序号	材料名称	材料规格	材料质量要求	产地/生产厂
1	砂	中砂	1. 材质：天然河砂 2. 细度模数：3.0～2.5 3. 平均粒径： 4. 级配区：Ⅱ区 5. 含泥量：≤3.0% 6. 泥块含量：≤1.0% 7. 有害物含量：杜绝	河南信阳
2	石	碎石	1. 粒径：5～25mm 2. 级配：连续 3. 针、片状颗粒含量≤15% 4. 含泥、石粉量：≤1.0% 5. 压碎指标：≤12.0% 6. 有害物含量：杜绝 7. 表观质量：颜色为青蓝色	新乡
3	水泥	普通硅酸盐水泥42.5级	1. 选择大厂水泥，具有合格证、出厂检验报告 2. 年生产能力60万吨	七里岗
4	粉煤灰	一级	1. 细度：不大于12 2. 烧失量：不大于5% 3. 需水量比：不大于95% 4. 三氧化硫含量：不大于3% 5. 含水率：不大于1%	洛阳首阳
5	复合外加剂	高效减水剂	1. 减水率不小于15%，混凝土水灰比≤0.40 2. 含气量3.5% 3. 缓凝时间≥10h 4. 掺加防冻剂后，混凝土颜色保持不变，抗冻－5～－20℃	

混凝土原材料进场组织由搅拌站负责,具体质量要求和组织见本方案中"混凝土工程"中的相关要求。

3.5.2 模板材料组织

模板材料组织见表2。

模板材料组织表　　　　　　　　　表2

序号	机械、材料名称	规格、型号
1	模板	芬兰产"维萨"板,18mm厚
2	木方材	松木,50×100(mm)精加工
3	对拉螺栓套筒	PVC塑料套管ϕ20(专制)
4	对拉螺栓	圆钢ϕ16,长度依实际确定
5	塑料垫块	钢筋保护层用
6	杯形堵头	直径35mm,PVC专制
7	树脂漆	无色
8	钢螺钉	50mm长
9	洞口定型模板	钢木结合
10	封口胶	模板边
11	模板对拉螺栓洞封圈	PVC专制
12	定型圆洞模板	PVC专制

3.5.3 模板配置量表

模板配置量见表3。

模板配置量表　　　　　　　　　表3

序号	部位	型号、材质	计划加工用量(m²)
1	一区山墙	维萨板	72
2	一区内墙	维萨板	1560
3	三区山墙	维萨板	72
4	三区东立面	维萨板	1700
5	四区柱	定形大钢模板	340
6	四区梁板	待定	
7	南北车道柱	待定	
	南北车道梁板	待定	

4 施工方案和技术措施

4.1 清水混凝土施工顺序

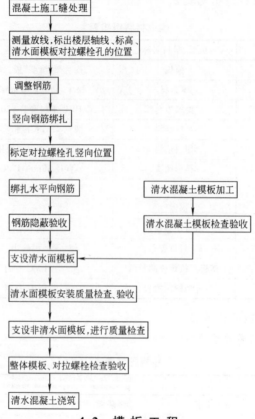

4.2 模板工程

4.2.1 模板的配置

1. 根据建筑结构的设计尺寸设计模板,由于标准层层高4000mm,而第五层、第六层的层高为6000mm,故首层至四层施工时,模板面板按4000mm高考虑,高度方向的拼装尺寸为(2000、2000mm);模板骨架按6000mm高考虑,不包括下包板。施工周转至五层、六层时,在模板的骨架上边补添一块

2000mm高的模板（模板高度方向的拼装尺寸为（2000、2000、2000mm），从而最大限度地利用了材料，并保证了清水混凝土墙面的饰面效果。

2. 模板布置原则是按标准尺寸从每个区的墙体中间分别向两边均匀排布，余量留在每个区相邻的伸缩缝位置处，这样保证了明缝、蝉缝及孔位位置均匀分布。模板宽度取2400mm作为标准尺寸，2400mm宽模板裁板尺寸为两块1200mm×2000mm的多层板，孔位的水平间距（300、600、600、300mm），竖向间距（250、500、500、500、250mm）。

3. 本工程外墙模板高度首层到四层按4000mm配置，五层、六层按6000mm配置；外墙模板的下部另加下包板；在门窗洞口处使用门窗洞模板。施工时，先支设好门窗洞模板，再根据模板编号布置支设墙体外侧清水混凝土模板。

4. 模板配模量以最高层的结构为标准，模板高度方向以首层的模板配置向上流水。当局部楼层或墙体变化时，外墙模板的水平蝉缝位置必须按设计院的要求分布，内墙模板的施工工艺及顺序作相应调整。

4.2.2 模板的设计及计算

4.2.2.1 模板面板材料的选择

目前市场上可选择的模板面板主要为钢面板、木胶合板，钢面板模板由于其抵抗变形能力强，广泛应用于异型混凝土构件的模板。墙体大面积饰面性清水混凝土，应优先选择进口覆膜木胶合板或覆膜国产木胶合板。为保证工期，避免出现施工过程中的大批调换体系化模板的面板，具体面板的选择还应考虑模板在项目工程内周转次数的要求和本工程的特殊性。本工程清水混凝土墙体模板面板材料选择芬兰（维萨）（WISA）板。

4.2.2.2 模板系统的设计计算：

同普通模板（略）。

4.2.3 施工要点

包括墙体模板的吊装、安装、拆除、保养。

1. 施工准备

(1) 墙模施工放线;

(2) 墙筋绑扎、隐检、浇筑混凝土处杂物清理;

(3) 墙模定位塑料套管设置、预埋线管、线盒安装;

(4) 墙模板配件安装、涂刷脱模剂、操作台的搭设;

(5) 复核模板控制线、砂浆找平层。

2. 模板吊装

吊装时,先将塔吊的两个吊钩穿在模板上的专用吊具上,并应尽量保证两钢丝绳保持平行,必要时,采用扁担吊进行模板的吊装,确保吊钩挂好后,即可起吊,吊装过程中,模板应慢起轻放。

3. 墙模安装

(1) 根据墙模施工放线和模板编号,将准备好的模板吊装入位;

(2) 将模板调到合适的位置,通过定位塑料套管带上穿墙螺杆,并初步固定;

(3) 调整模板的垂直度及拼缝,夹上模板夹具;

(4) 销紧模板夹具,锁紧穿墙杆螺母;

(5) 检查模板支设情况,根据节点要求对局部进行加强。

4. 墙模拆除

(1) 当混凝土强度达到 1.2MPa 之后,开始拆除模板;

(2) 第一步先松开穿墙杆螺母,将穿墙杆从墙体中退出来;用榔头敲打销子,松开模板夹具;

(3) 第二步松开墙体模板的支撑,使模板与墙体分离;

(4) 如模板与墙体粘结较牢时,用撬棍轻轻撬动模板使之与墙体分离;

(5) 将脱离混凝土面的模板吊到地面,清灰涂刷脱膜剂,以备周转。

5. 墙模保养

模板在施工过程中应注意对面板的保护,必须加强工人对清水混凝土模板的保护意识。施工过程中应防止钢筋、钢管脚手架等对模板面板造成的物理损伤，以及吊装模板的过程中，绳索等对模板边的损坏，确保所浇筑混凝土的清水饰面效果。

4.2.4 模板安全文明施工

4.2.4.1 现场文明施工

1. 所有模板及配件进场前必须经过喷漆处理，以满足文明施工要求。

2. 体系化的模板进场前必须在模板后或板侧按设计要求编号，方便现场使用查找；由现场根据模板设计布置图将模板上墙定位，模板的安装应当对号入座。

3. 模板整装整拆，选择平整坚实的场地进行堆放；水平堆放，两块大模板应采取板面对板面的存放方法。

4. 模板移动前，确保模板及其配件连接牢固。

5. 为保证墙面质量，板面应随时清灰，及时涂刷新的隔离剂。

6. 拆下的模板需及时清灰，如发现板面不平或肋边损坏变形应及时修理；丝杠、穿墙螺栓、螺母、斜撑等也应进行清理、保养。

7. 吊装模板时需注意避免模板面板的碰撞，以保护面板。

8. 模板就位前对墙根部进行清理，检查地坪是否平整，当地坪高低差较大时，用砂浆找平，使内外模板合模后，模板在同一水平高度，正负误差≤1mm。

9. 墙模安装前先在楼面弹出墙的边线和模板位置线、墙体轴线，使模板安装误差在相邻轴线区间内消除，防止产生累计误差。

4.2.4.2 模板工程施工安全保证

1. 模板竖直放置时，一定要保证75°～80°的自稳角，必要时（四级以上风）要使用钢丝绳将模板与稳固的支架体做稳固连接；

2. 模板吊装时，一定要在设计的吊钩位置挂钢丝绳，起吊前一定要确保吊点的连接稳固；

3. 为防止大模板发生过大的摆动撞击人、物，组装好的模板水平方向长度应控制在6000mm以内，以确保安全施工；

4. 四级风以上，严禁吊装大模板；

5. 模板在吊装前和使用过程中应经常检查吊钩的连接装置，防止松动或脱落；模板吊装应"慢起轻放"，严禁使用单吊钩起吊；

6. 模板起吊时，在模板要全部脱离墙面前检查穿墙螺栓是否全部退出后方可起吊。

4.3 钢筋工程

4.3.1 原材料要求

1. 进场钢筋必须具备出厂质量证明书，每捆钢筋有标牌。

2. 对进场钢筋按规范的标准，经现场监理工程师见证取样，按批抽样做机械性能试验或化学分析，合格后方可使用。每批重量不大于60t，每批应由同一牌号、同一炉罐号、同一规格、同一交货状态的钢筋组成。

3. 进场的钢筋和加工好的钢筋，根据钢筋的牌号分类堆放在枕木或砖砌成的高30cm间距2m的地垄墙上，以避免污垢或泥土的污染。严禁随意堆放。

4.3.2 钢筋的配料

钢筋配料是根据设计图中构件配筋图，先绘出各种形状和规格的单根钢筋简图并加以编号，然后分别计算钢筋下料长度和根数，填写配料单，经审查无误后，方可以对此钢筋进行下料加工，所以一个正确的配料单不仅是钢筋加工、成型准确的保证，同时在钢筋安装中不会出现钢筋端部伸不到位，锚固长度不够等问题，从而保证钢筋工程的质量。因此，对钢筋配料工作必须认真审查，严格把关。

4.3.3 钢筋的下料与加工

1. 钢筋除污

钢筋的表面应洁净，受污染锈蚀的钢筋不得使用，对盘圆钢筋除锈工作是在其冷拉调直过程中完成；对螺纹钢筋采用自制电动除锈机来完成，并装吸尘罩，以免损坏工人的身体和污染环境。

2. 钢筋调直

采用调直机对盘圆钢筋进行调直。根据钢筋的直径选用调直模和传送压辊，并要正确掌握调直模的偏移量和压辊的压紧程度。钢筋经过调直后应平直，无局部曲折。

3. 钢筋切断

钢筋切断设备主要有钢筋切断机和无齿锯等，根据钢筋直径的大小和具体情况进行选用。

切断工艺：将同规格钢筋根据长度进行长短搭配，统筹排料。一般应先断长料，后断短料，减少短头，减少损耗。断料应避免用短尺量长料，防止在量料中产生积累误差，为此，宜在工作台上标出尺寸刻度线，并设置控制断料尺寸用的挡板。在切断过程中，如发现钢筋劈裂、缩头或严重的弯头等必须切除。

质量要求：钢筋的断口不能有马蹄形或起弯现象。钢筋长度应力求准确，其允许偏差为±10mm。

4. 弯曲成型

钢筋弯曲成型主要利用钢筋弯曲机或手动弯曲来完成。

弯曲成型工艺：钢筋弯曲前，对形状复杂的钢筋，根据配料单上标明的尺寸，用石笔将各弯曲点位置划出。划线工作宜从钢筋中线开始向两边进行；若为两边不对称钢筋时，也可以从钢筋一端开始划线，如划到另一端有出入时，则应重新调整。经对划线钢筋的各尺寸复核无误后，即可进行加工成型。

质量要求：钢筋在弯曲成型加工时，必须形状正确，平面上无翘曲不平现象。钢筋弯曲点处不能有裂缝，钢筋弯曲成型后的允许偏差为：钢筋全长±10mm；箍筋的边长±3mm。

4.3.4 钢筋接长

钢筋接长是整个钢筋工程中的一个重要环节，接头的好坏是保证钢筋能否正常受力的关键。因此，对钢筋接头形式应认真选择，选择的原则是：可靠、方便、经济。本工程Ⅲ级钢全部采用直螺纹连接，Ⅱ级钢直径大于22mm的采用直螺纹连接，其余的采用搭接连接或闪光对焊连接，Ⅰ级钢采用搭接连接。

钢筋的接头位置应按设计要求和施工规范的规定进行布置。具体参照03G101—1《混凝土结构施工图平面表示方法制图规则和构造详图》。一般是：板下排钢筋接头在支座；梁钢筋接头上部钢筋在跨中，下部钢筋在支座处；框架柱的第一排钢筋接头位置控制在非连接区上面100mm处；剪力墙身竖向钢筋第一排接头控制在楼板600mm处。

4.3.5 钢筋的堆放与运输

1. 钢筋的堆放

本工程所有钢筋在钢筋加工场加工成型后放在塔吊回转半径范围内的位置堆放，堆放场地应坚硬、平整，并铺设方木，防止钢筋污染和变形。成型的钢筋，应按其规格、直径大小及钢筋形状的不同，分别进行堆放整齐，并挂标志牌，现场应做到整洁清晰，便于查找和使用。

2. 钢筋的垂直运输

钢筋加工成型后由塔吊进行垂直运输。

在塔吊运输钢筋时，对较长的钢筋应进行试吊，以找准吊点，必要时可用方木或长钢管加以附着，严禁吊点距离过大，造成钢筋产生弯曲变形。

4.3.6 钢筋的绑扎

1. 准备工作

钢筋绑扎前，应核对成品钢筋的钢号、直径、形状，尺寸和数量等是否与配料单相符。如有错漏，应纠正增补；为了使钢筋绑扎位置准确，应先划出钢筋位置线。

2. 墙体钢筋的绑扎

竖向钢筋，在浇筑混凝土前应校正，墙体钢筋接头采用焊接或搭接，接头应错开，同截面的接头数量不大于50%，钢筋搭接处应绑扎三个扣。外墙为三层钢筋网，应按设计要求绑扎拉结筋来固定三层网片的间距，拉筋与各排分部筋之间均需绑扎牢固，不得漏绑。墙体钢筋网绑扎时，钢筋扎丝的弯钩应向混凝土内，墙体拉接钢筋不得超长。

3. 框架柱钢筋的绑扎

框架柱的竖向筋采用直螺纹连接或焊接，其接头应相互错开，同一截面的接头数量不大于50%。在绑扎柱的箍筋时，其开口应交错布置。柱筋的位置必须准确，箍筋加密的范围应符合设计要求。

4. 楼层梁板钢筋的绑扎

（1）梁纵向筋采用双层排列时，两排钢筋之间应垫以直径$\geqslant$25mm的短钢筋，以保持其设计距离。箍筋开口位置接头应交错布置在梁架立钢筋上。梁箍筋加密范围必须符合设计要求，对钢筋特别密的梁、柱节点，要放样确定绑扎顺序，留出浇筑口和振捣孔。

（2）板的下部钢筋绑扎短向在下面，上部钢筋短向在上面，应注意板上的负筋位置，上下排筋用马凳固定，以防止被踩下。马凳采用 ϕ12@800 梅花形布置。

（3）在板、次梁和主梁交叉处，应板筋在上、次梁钢筋居中，主梁的钢筋在下。

4.3.7 控制钢筋偏位的措施

钢筋绑完后，由于固定措施不到位，在浇完混凝土后往往容易出现钢筋偏位、保护层厚度不够等现象，必须采取相应的办法。

1. 钢筋保护层垫块

（1）梁侧、墙、柱钢筋均采用塑料环圈；

（2）梁底钢筋、板筋均采用塑料垫块。

2. 墙筋

一般墙筋绑完后，为控制墙筋断面和保护层厚度，除设计用拉筋和保护垫块外，垫块@600（梅花形），不得漏放。

3. 柱筋

为保证柱纵筋断面和相互间距准确，将柱上、下二排箍筋与柱纵筋点焊好；为控制保护层厚度，采用塑料环圈垫块，角筋沿柱高方向间距500mm，其余部位间距500mm（梅花形布置）；为防止箍筋滑落，箍筋与柱角筋的绑扎采用套扣。

4. 梁筋

梁筋主要是负筋二排筋易坠落和梁侧保护层厚度不均，负筋二排筋绑完后用20号钢丝与梁上层面筋绑牢，保护层控制主要应处理好梁、柱节点主筋交叉摆放问题。梁下部主筋为2排或3排时，在排与排之间沿梁长方向设置$\phi25@1000$的短钢筋，将各排钢筋分开，短钢筋长（L）＝梁宽－2倍保护层厚度。梁底垫块：角筋各1块间距1000mm、梁中1块间距1000mm，交错布置，梁侧梅花形间距800mm。

5. 板筋

主要是负筋下坠的问题，除用马凳筋外，对现浇板钢筋更关键是绑扎成型后不要踩踏。板筋绑扎的过程中，应设置供行走用的跳板马道，直至混凝土浇筑再拆除。板底钢筋保护层采用塑料垫块，间距800mm，梅花形布置。

4.4 混凝土工程

4.4.1 施工准备

1. 技术准备

（1）图纸会审已完成。

（2）细部结构构造节点做法明确，能够满足装饰效果要求，并已经各相关专业设计师确认。

（3）根据设计混凝土强度等级、混凝土性能要求、施工条件、施工部位、施工气温、浇筑方法，使用水泥、骨料、掺合料及外加剂。确定满足混凝土强度等级的所需坍落度和初凝、终凝时间，委托有资质的专业试验室完成混凝土的配合比设计。

（4）编制混凝土施工方案，明确流水作业划分、浇筑顺序、混凝土的运输与布料、作业进度计划、工程量等并分级进行交底。

（5）在施工前，已做好施工人员的岗前培训和技术交底工作，交底时根据工程实际并结合具体操作部位，阐明技术规范和标准的规定，明确对关键部位的质量要求、操作要点和注意事项，其中应包括：操作技术标准，施工工艺，原材料质量标准及验收规定，施工质量对工程进度的影响与关系，以及质量标准和工程验收的规定，安全及环保措施等。

（6）确定浇筑混凝土所需的各种材料、机具、劳动力需用量。

（7）确定混凝土的搅拌能力是否满足连续浇筑的能力。

（8）确定混凝土使用所需的水、电，以满足施工需要。

（9）做好混凝土试块留置计划和制作准备工作，满足标准养护和同条件养护的需求。

（10）钢筋、预埋件、预留洞口已经做好隐蔽验收工作，并有完备的签字手续。

（11）标高、轴线、模板等已进行技术复核。

2. 材料要求

（1）水泥：应根据工程特点、所处环境以及设计、施工的要求，选用适当品种和强度等级的水泥。同一工程所有清水混凝土使用的水泥必须是同一生产厂、同一批熟料和组分的硅酸盐水泥、普通硅酸盐水泥。水泥品种的颜色应经过实体试验体现，并经建筑设计师确认。经过现场实体试验，本工程水泥采用七里岗普通硅酸盐水泥P.42.5。

（2）细骨料：当选用砂配置混凝土时，宜优先选用Ⅱ区砂。对于泵送混凝土用砂，宜选用中砂。砂的各项指标宜符合表1的要求。本工程用砂为信阳甘岸中砂。

（3）粗骨料：当采用碎石或卵石配制混凝土时，其技术指标应符合附录3的要求。本工程采用新乡碎石5～25mm。

（4）掺合料：用于混凝土中的掺合料，应符合现行国家标准《用于水泥和混凝土中的粉煤灰》、《用于水泥中的火山灰质混合材料》和《用于水泥中的粒化高炉矿渣》的规定。当选用其他品种的掺合料时，其烧失量及有害物质含量等质量指标应通过试验，确认符合混凝土质量要求时，方可使用。选用的掺合料，应使混凝土达到预定改善性能的要求或在满足性能要求的前提下取代水泥。其掺量应通过试验确定，其取代水泥的最大取代量应符合有关标准的规定。掺合料在运输与存储过程中，应有明显标志。严禁与水泥等其他粉状材料混淆。

本工程掺合料采用首阳一级粉煤灰。

（5）混凝土外加剂：选用外加剂时，应根据混凝土的性能要求、施工工艺及气候条件，结合混凝土的原材料性能、配合比以及对水泥的适应性等因素，通过试验确定其品种和掺量。

本工程混凝土外加剂由江苏建筑科学研究院提供。

（6）水：混凝土拌制用水宜选用饮用水；当采用其他水源时，应进行取样检测，水质应符合国家现行标准《混凝土拌合用水标准》（JGJ63）的规定。

（7）每立方米混凝土碱含量应满足规范要求。

3. 主要机具

主要机具包括混凝土生产设备、运输设备和泵送设备、浇筑和捣实设备及手工操作器具等，详见附录7。

4. 作业条件

（1）所有的原材料经检查，全部应符合设计配合比通知单所提出的要求。

（2）根据原材料及设计配合比进行混凝土配合比检验，应满足坍落度、强度及耐久性等方面的要求。

（3）新下达的混凝土施工配合比，应进行开盘鉴定，并符合要求，经总工程师批准后执行。

（4）搅拌机及其配套的设备经试运行、安全可靠。同时配有专职技工，随时检修。电源及配电系统符合要求、安全可靠。

（5）所有计量器具必须有经检定的有效期标识。地磅下面及周围的砂、石清理干净，计量器具灵敏可靠，并按施工配合比设专人定磅，每盘上料均应记录，严格控制上料误差。

（6）需浇筑混凝土的工程部位已办理隐检手续，混凝土浇筑的申请单已经有关人员批准。

（7）管理人员向作业班组进行配合比、操作规程和安全技术交底。

（8）现场已准备足够的砂、石子、水泥、掺合料以及外加剂等材料，能满足混凝土连续浇筑的要求。

（9）依据泵送浇筑作业方案，确定泵车型号、使用数量；搅拌运输车数量、行走路线、布置方式、浇筑程序、布料方法以及明确布设。

（10）浇筑混凝土必须的脚手架和马道已经搭设，经检查符合施工需要和安全要求。混凝土搅拌站至浇筑地点的临时道路已经修筑，能确保运输道路畅通。

（11）所有施工技术管理人员、模板制作安装操作人员、混凝土浇筑人员、泵送操作人员经过培训、考核合格，持证上岗。

（12）各级施工管理人员应落实责任制，明确值班时间和值班纪律，并经过了质量意识的教育。

4.4.2 材料和质量要点

1. 材料的关键要求

（1）用的水泥应有中文质量证明文件。质量证明文件内容应包括本标准规定的各项技术要求及试验结果。水泥厂在水泥发出之日起7d内寄发的质量证明文书应包括除28d强度以外的各项试验结果。28d强度数值，应在水泥发出之日起32d内补报。骨料的选用应符合下列要求：

1）粗骨料最大粒径应符合下列要求：不得大于混凝土结构截面最小尺寸的1/4，并不得大于钢筋最小净间距的3/4。

2）混凝土用的细骨料，对0.315mm筛孔的通过量不应少于15%，对0.16mm筛孔的通过量不应少于5%。

3）泵送混凝土用的骨料还应符合泵车技术条件的要求。

（2）骨料在生产、采集、运输与存储过程中，严禁混入影响混凝土性能的有害物质。

（3）骨料应按照品种、规格分别堆放，不得混杂。在其装卸及存储时，应采取措施，使骨料颗粒级配均匀，保持清洁。

（4）混凝土拌合物中的氯化物总含量（以氯离子重量计）应严格控制，不得超过水泥重量的 0.06%，且混凝土中氯化物总含量不大于 $0.03kg/m^3$。

（5）混凝土拌合物中的碱含量 $<3.0kg/m^3$。

（6）各类具有室内使用功能的建筑用混凝土外加剂中释放氨的量应≤0.10%（质量分数）。

（7）混凝土拌合物应拌合均匀，颜色一致，不得有离析和泌水现象。

2. 技术关键要求

（1）每一工作班正式称量前，应对计量设备进行零点校验。

（2）运送混凝土的容器和管道，应不吸水、不漏浆。

（3）混凝土拌合物运至浇筑地点时温度，最高不宜超过35℃；最低不宜低于5℃。

（4）在浇筑混凝土时，应经常观察模板、支架、钢筋、预埋件和预留洞的情况，发现有变形、移位时，应立即停止浇筑，并应在浇筑的混凝土凝结前修整完好。

（5）在浇筑混凝土时，应制作供结构拆模、强度合格评定用的标准养护和与结构混凝土同样条件养护的试件。

（6）对于有预留洞、预埋件和钢筋密集的部位，应采取技术措施，确保顺利布料和振捣密实。在浇筑混凝土时，应经常观察，当发现混凝土有不密实等现象时，应立即予以纠正。

（7）浇筑完成的混凝土表面，应适时用木抹子抹平，搓毛两遍以上，且最后一遍宜在混凝土收水时完成。

（8）应控制混凝土处在有利于硬化及强度增长的温度和湿度环境中。

3. 质量关键要求

（1）进场原材料必须按有关标准规定取样检测，并符合有关规定标准要求。

（2）生产过程中应测定骨料的含水率，每一工作班不应少于一次，当含水率有显著变化时，应增加测定次数，依据检测结果及时调整用水量和骨料用量。

（3）应采用强制式搅拌机搅拌混凝土。

（4）混凝土运至浇筑地点，应立即浇筑入模。如混凝土拌合物出现离析或分层现象，应对混凝土拌合物进行二次搅拌。

（5）浇筑混凝土应连续进行。如必须间歇时，其间歇时间宜缩短，并应在前层混凝土凝结之前，将次层混凝土浇筑完毕。

（6）混凝土运输、浇筑及间歇的全部时间不得超过混凝土初凝时间。

4. 职业健康安全关键要求

（1）施工现场所有用电设备，除作保护接零外，必须在设备负荷线的首段处设置漏电保护装置。

（2）架空线必须采用绝缘铜线或绝缘铝线。

（3）每台用电设备应有各自专用的开关箱，必须实行"一机一闸"制，严禁用同一电器开关直接控制两台以上用电设备（含插座）。

（4）开关箱中必须装设漏电保护器。进入开关的电源，严禁用插销连接。

（5）各种电源导线严禁直接绑扎在金属架上。

（6）需夜间工作的塔式起重机，应设置正对工作面的投光灯。塔身高于30m时，应在塔顶和臂架端部装设防撞红色信号灯。

（7）分层施工的楼梯口和楼梯端边，必须安装临时护栏。顶层楼梯口应随工程结构进度安装正式防护栏杆。

（8）作业人员应从规定的通道上下，不得在架体、临边等非规定通道进行攀登；上下梯子时，必须面向梯子，且不得手持器物。

（9）混凝土浇筑时的悬空作业，必须遵守下列规定：

1) 浇筑清水混凝土时，应设操作平台，不得直接站在模板或支撑件上操作。

2) 特殊情况下如无可靠的安全设施，必须系好安全带、扣好保险钩,并架设安全网。

(10) 机、电操作人员应体检合格,无妨碍操作的疾病和生理缺陷,并应经过专业培训、考核合格取得行业主管部门颁发的操作证,方可持证上岗。

(11) 在工作中操作人员和配合作业人员必须按规定穿戴劳动保护用品,长发不得外露,高处作业时必须系安全带。

(12) 机械必须按照出厂使用说明规定的技术性能、承载性能和使用条件,正确操作、合理使用,严禁超载作业或任意扩大使用范围。

(13) 机械上的各种安全防护装置及监测、指示、仪表、报警等自动报警、信号装置应完好齐全,有缺损时应及时修复。安全防护装置不完整或已失效的机械不得使用。

(14) 电缆线应满足操作所需的长度,电缆线上不得堆压物品或让车辆挤压,严禁用电缆线拖拉或吊挂震动器。

5. 环境的关键要求

(1) 在机械产生对人体有害的气体、液体、尘埃、渣滓、放射性射线、振动、噪声等场所,必须配置相应的安全保护设备和三废处理装置。

(2) 混凝土机械作业场地应有良好的排水条件,机械近旁应有水源,机棚内应有良好的通风,采光及防雨、防冻设施,并不得有积水。

(3) 作业后,应及时将机内、水箱内、管道内的存料、积水放尽,并清洁保养机械,清理工作场地。

(4) 现场混凝土搅拌站应搭设封闭的搅拌棚,防止扬尘和噪声污染。

4.4.3 施工工艺

1. 工艺流程

2. 施工操作工艺

（1）混凝土浇筑

1）混凝土浇筑时坍落度：

清水混凝土应由试验员随机检查坍落度，并分别做好记录。

2）施工缝的设置：

为保证清水混凝土的装饰效果，不得随意留置施工缝，其位置应按设计要求和施工技术方案事先确定，本工程施工缝的确定原则为：

① 在满足清水混凝土装饰效果的同时，尽可能留置在受剪力较小的部位，留置部位便于施工。

② 和梁、板连成整体的墙体，按建筑标高留置在板顶面装饰明缝处。

③ 清水混凝土墙体与非清水混凝土墙体的施工缝应进行专门设计，并得到批准。

④ 单向板，留置在平行于板的短边的任何位置。

⑤ 有主次梁的楼板，宜顺着次梁方向浇筑，施工缝的留置在次梁跨度的中间三分之一范围内。

3）施工缝的处理：

① 在施工缝处继续浇筑混凝土时，已浇筑的混凝土的抗压强度必须达到1.2MPa以上，混凝土达到1.2MPa抗压强度所需龄期可参照相关规范确定。在施工缝施工时，应在已硬化的混凝土表面上，清除水泥薄膜和松动的石子以及软弱的混凝土层，同时还应加以凿毛，用水冲洗干净并充分湿润，一般不少于24h，残留在混凝土表面的积水应予以清除．并在施工缝处铺一层与混凝土内成分相同的水泥砂浆。

② 注意施工缝位置附近需弯筋时，要做到钢筋周围的混凝土不受松动和损坏。钢筋上的油污、水泥砂浆及浮浆等杂物也应清除。

③ 在浇筑前，水平施工缝宜先铺上10~15mm厚的水泥砂浆一层，其配合比与混凝土内砂浆成分相同。

4）混凝土的浇筑：

① 混凝土自吊口下落的自由倾落高度不得超过2m。

② 柱、墙混凝土浇筑前，底部应先铺筑50～100mm厚与混凝土配合比相同减石子水泥砂浆，砂浆必须铺设均匀。

③ 浇筑混凝土时应分段分层连续进行，浇筑层高度应根据结构特点、钢筋疏密决定，一般为振捣器作用部分长度的1.25倍，最大不超过500mm。

④ 梁、柱节点钢筋较密时，浇筑此处混凝土时宜用小粒径石子同强度等级的混凝土浇筑，并用小直径振捣棒振捣。

5）泵送混凝土的浇筑顺序：

① 当采用输送管输送混凝土时，应由远而近浇筑；

② 同一区域的混凝土，应先竖向结构后水平结构的顺序，分层连续浇筑；

③ 当不允许留施工缝时，区域之间、上下层之间的混凝土浇筑间歇时间，不得超过混凝土初凝时间；

④ 清水混凝土浇筑从非清水的部位开始，沿确定方向连续浇筑，其浇筑速度应略快于非清水的混凝土，避免非清水混凝土侵入清水混凝土结构内，防止出现色差。

（2）混凝土振捣

1）作业中要避免振动棒触动模板、钢筋、芯管及预埋件等，更不得采取通过振动棒振动钢筋的方法来促使混凝土振实。

2）振动器不得在初凝的混凝土及干硬的地面上试振。

3）严禁用振动棒撬动钢筋和模板，或将振动棒当锤使用；不得将振动棒头夹到钢筋中；移动振动器时，必须切断电源，不得用软管或电缆线拖拉振动器械。

4）作业完毕，应将电动机、软管、振动棒擦干净，按规定要求进行保养作业。振动器应放在干燥处，不要堆压软管。

（3）混凝土的养护

1）混凝土养护的一般规定：

浇筑完毕后，为保证已浇筑好的混凝土在规定龄期内达到设计要求的强度,并防止产生收缩,应按施工技术方案及时采取有效养护措施。

① 应在浇筑完毕后的 12h 以内对混凝土加以覆盖并保湿养护;

② 混凝土浇水养护的时间:不得少于 14d;

③ 浇水次数应能保持混凝土处于湿润状态;混凝土养护用水应与拌制用水相同;

④ 混凝土强度达到 $1.2N/mm^2$ 前,不得在其上踩踏或安装模板及支架。

2) 正温下施工常用的养护方法:

① 覆盖浇水养护:利用平均气温高于+5℃的自然条件,用适当的材料对混凝土表面加以覆盖并浇水,使混凝土在一定的时间内保持水泥水化作用所需要的适当温度和湿度条件。

② 薄膜布养护:在有条件的情况下,可采用不透水、汽的薄膜布(塑料薄膜布)养护。用薄膜布把混凝土表面敞露的部分全部严密地覆盖起来,保证混凝土在不失水的情况下得到充足的养护。但应该保持薄膜布内有凝结水。

5 施工质量保证措施

5.1 质量保证措施

5.1.1 测量放线

必须注意施工竖向精度、平面轴线投测及引测标高,轴线投测后放出竖向构件几何尺寸和模板就位线、检查控制线,模板就位前对墙根部进行清理,检查地坪是否平整,当地坪高低差较大时,用砂浆找平,使内外模板合模后,模板在同一水平高度,正负误差≤1mm;墙模安装前,先在楼面弹出墙的边线和模板位置线、墙体轴线,使模板安装误差在相邻轴线区间内消除,防止产生累计误差。

5.1.2 混凝土工程

必须注意混凝土的配合比,严格控制坍落度;混凝土浇筑前要进行模板内部的清理，干净后用水湿润方可浇筑；墙根部先浇同混凝土内砂浆成分相同的水泥砂浆，清水混凝土施工浇筑过程中严格执行混凝土振捣标准操作，防止浇筑飞溅起的灰浆对未浇注部位模板面的污染；为保证饰面清水效果，模板的配置考虑了施工缝的留设，即施工缝只能留设在明缝部位，同时必须严格控制拆模时间；拆模时间根据混凝土硬化速度的不同，由实验确定；要注意混凝土的养护，养护时间应能满足混凝土硬化和强度增长的需要，使混凝土强度达到设计要求，养护剂要严格确保不影响混凝土的清水效果。

5.1.3 钢筋工程

应严格控制钢筋的配料尺寸；注意钢筋接头和绑扎，绑扎钢筋的扎丝多余部分应向构件内侧弯折，以免因外露形成锈斑，影响清水混凝土观感质量；确保钢筋生根位置的准确性及墙横向钢筋的控制；同时注意钢筋的保护层，为防止漏筋和钢筋可能的锈蚀对混凝土表面的污染，饰面清水部位钢筋保护层应适当加大；保护层垫块严禁使用混凝土块，而应使用专用的塑料定位卡。

5.1.4 模板工程

模板面板，为合理的降低总体模板工程造价，将混凝土浇注部位分为有建筑表面效果要求的饰面混凝土与无建筑表面效果要求的普通性混凝土。饰面性混凝土与普通性混凝土模板体系不同，故模板面板材料的选择予以区分对待；饰面性混凝土优先选择优质国产覆膜多层板。模板面板在对接时，为防止在打灰时漏浆，在水平接缝处打胶，并且在水平接缝的背后加胶带。模板面板的接缝与大模板的接缝必须与建筑设计的明缝蝉缝相吻合，严禁将模板接缝留在非建筑立面效果设计部位。

5.2 成品保护和防雨措施

5.2.1 一般注意事项

1. 施工中，不得用重物冲击模板，不准在吊帮的模板和支撑上搭脚手板，以保证模板牢固、不变形。

2. 拆模板应在混凝土强度达到3.0MPa时，方可拆模。

3. 混凝土浇筑完后，待其强度达到1.2MPa以上，方可在其上进行下一道工序施工。

4. 预留的暖卫、电气暗管，地脚螺栓及插筋，在浇筑混凝土过程中，不得碰撞，或使其产生位移。

5. 应按设计要求预留孔洞或埋设螺栓和预埋铁件，不得以后凿洞埋设。

6. 要保证钢筋和垫块的位置正确，不得踩楼板、楼梯和弯起钢筋，不碰动预埋件和插筋。

5.2.2 清水混凝土成品保护具体措施

1. 清水混凝土模板

（1）WISA板进场后，必须放置在平整地面上，底部垫30cm高木方，及时将包装打开，防止放置时间长在模板面上留下印痕。

（2）模板加工完成后现场存放时：为防止模板变形，应搭设钢架，底部设置平台，模板存放优先采用立放方式，面板上加盖彩色防雨布，防止雨淋和吸附灰尘。

（3）模板加设明缝条和圆饼时：采用钢管搭设专用操作平台，平台要求放线抄平搭设牢固，上下平台设置专用爬梯，加工过程中，如中间间歇时，必须加盖彩色防雨布，防止雨淋和吸附灰尘。

（4）模板使用完成后：及时清理板面浮灰、混凝土附着物等，清理干净后，加盖彩色防雨布，防止雨淋和吸附灰尘。

2. 清水混凝土成品保护

（1）大面墙清水混凝土：模板拆除后，立即用塑料薄膜封闭，外用木框三合板压紧，对拉螺栓固定。

（2）圆柱清水混凝土面保护：柱模板拆除后，全高范围包裹两层塑料薄膜进行混凝土养护，塑料薄膜必须严密，包裹牢靠。柱外用三合板全高包裹，用细钢丝绑牢。柱顶钢筋用两层彩条布绑扎封闭，防止雨淋生锈，包裹应包住下部三合板20cm。

（3）清水混凝土梁及挂板保护：略

5.3 安全、环保措施

1. 混凝土搅拌开始前，应对搅拌机及配套机械进行无负荷试运转，检查运转正常，运输道路畅通，然后方可开机工作。

2. 搅拌机运转时，严禁将锹、耙等工具伸入罐内，必须进罐扒混凝土时，要停机进行。工作完毕，应将拌筒清洗干净。搅拌机应有专用开关箱，并应装有漏电保护器，停机时应拉断电闸，下班时电闸箱应上锁。

3. 采用手推车运输混凝土时，不得争先抢道，装车不应过满；卸车时应有挡车措施，不得用力过猛或撒把，以防车把伤人。

4. 混凝土浇筑前，应对振动器进行试运转，振动器操作人员应穿绝缘靴，戴绝缘手套；振动器不能挂在钢筋上，湿手不能接触电源开关。

5. 混凝土运输、浇筑部位应有安全防护栏杆，操作平台。

6. 用电应按三级配电、二级保护进行设置；各类配电箱、开关箱的内部设置必须符合有关规定，开关电器应标明用途。所有配电箱应外观完整、牢固、防雨、箱内无杂物；箱体应涂有安全色标、统一编号；箱壳、机电设备接地应良好；停止使用时切断电源，箱门上锁。

7. 施工用电的设备、电缆线、导线、漏电保护器等应有产品质量合格证；漏电保护器要经常检查，动作灵敏，发现问题立即调换，闸刀熔丝要匹配。

8. 电动工具应符合有关规定，电源线、插头、插座应完好，电源线不得任意接长和调换，工具的外绝缘完好无损，维护和保管由专人负责。

9. 机械进入作业地点后，施工技术员应向操作人员进行施工任务和安全技术措施交底。操作人员应熟悉作业环境和施工条件，听从指挥，遵守现场安全规则。

10. 操作人员在作业过程中，应集中精力正确操作，注意机械工况，不得擅自离开工作岗位或将机械交给其他无证人员操作。严禁无关人员进入作业区或操作室内。

11. 实行多班作业的机械，应执行交接班制度，认真填写交接班记录；接班人员经检查确认无误后，方可进行工作。

12. 机械不得带病运转。运转中发现不正常时，应先停机检查，排除故障后方可使用。

13. 机械在寒冷季节使用，应符合《建筑机械寒冷季节的使用》规定。

14. 使用机械与安全生产发生矛盾时，必须首先服从安全要求。

15. 应在施工前，做好施工道路规划，充分利用永久性的施工道路。路面及其场地地面宜硬化。闲置场地宜绿化。

16. 施工垃圾使用封闭的专用垃圾道或采用容器吊运，严禁随意凌空抛散，造成扬尘。

17. 水泥和其他易飞扬的细颗粒散体材料应尽量安排库内存放。露天存放时宜严密覆盖，卸运时防止遗撒飞扬。

18. 混凝土运送罐车每次出场应清理下料斗，防止混凝土遗洒。

19. 现场搅拌机前台及运输车辆清洗处应设置沉淀池。废水应排入沉淀池内，经二次沉淀后，方可排入市政污水管线或回收用于洒水降尘。未经处理的泥浆水，严禁直接排入城市排水设施。

20. 现场使用照明灯具宜用定向可拆除灯罩型，使用时应防止光污染。

附录

略。

案例三 郑州国际会展中心工程（会议中心）

项目名称：郑州国际会展中心工程（会议中心）
完成单位：中国建筑第二工程局郑州国际会展中心项目经理部
编制人：杜建峰 董亚兴

一、工程概况

工程位置：郑州CBD商务区，中央公园内。

总建筑面积：会议中心部分总建筑面积60808m^2。

设计概况：会议中心地下一层，地上六层，1~4层为标准层，层高4m，5~6层为会议厅，层高13m。混凝土结构外观为圆形，直径154m，为框架－剪力墙＋钢结构复合体系。该工程总体规划设计获得国际大奖。

二、清水混凝土概况

面积：结构外墙、突出屋面的楼梯间总面积约12000m^2。

达到效果：该工程清水混凝土通过表面设置的分格条、装饰槽、螺栓孔达到装饰标准，外墙除了涂刷一层透明涂料外，不再进行其他任何装饰。

三、清水混凝土施工过程介绍

1. 方案策划

包括模板设计方案、清水混凝土实验方案、管理方案、高性能混凝土配合比设计、施工组织策划、总结及评审制度、清水混凝土修整方案、成品保护方案等。

2. 施工组织设计

主要包括 5 个方面的内容：
(1) 清水混凝土钢筋工程技术要求；
(2) 清水混凝土模板安装及拆除技术要求；
(3) 清水混凝土浇筑、养护、成品保护、修整技术要求；
(4) 测量控制及复核技术要求；
(5) 施工管理规划。

3. 施工过程管理

(1) 工具专业化。综合振捣工具、专业修整工具、螺杆、杯口定型化；

(2) 措施材料一体化。养护、保护、加固件、原材料检测标准等；

(3) 施工控制标准化。分项验收标准、施工工序安排、施工机械统一；

(4) 作业队伍专业化。钢筋工、木工、混凝土工、成品保护、养护等工种专业化。

四、施工组织设计

清水混凝土施工组织设计要点
（本工程清水混凝土称为原浆混凝土）

1. 清水混凝土施工简介

1.1 原浆混凝土的施工重点

原浆混凝土钢筋绑扎的控制重点：控制钢筋的保护层，不允许出现保护层负误差；绑扎过程中的工序穿插控制等。

模板的控制重点：模板的加工控制；模板的拼装控制；模板的拆除控制和模板的保养控制。

混凝土施工的控制重点：混凝土现场检测、混凝土的综合振捣、混凝土的养护和成品保护。

1.2 原浆混凝土的施工工序流程

梁柱钢筋绑扎→连接模板的安置及校验，控制线弹设→拼装原浆混凝土外侧的模板→外侧模板验收→剪力墙钢筋绑扎→钢筋隐蔽验收→内墙模板拼装→加固校正模板→模板综合验收→混凝土进场验收→混凝土浇筑→模板拆除→混凝土养护→混凝土的成品保护→模板的保养与检修。

1.3 原浆混凝土材料选用

钢筋：按照施工图纸选用，垫块采用浅灰色塑料垫卡，直径分别为15、25和35mm。

模板：外模板采用中建柏利公司提供的大模板体系，内侧模板采用木胶合板拼装体系。

混凝土：由中建八局混凝土搅拌站供应，能满足施工的需要。

2. 清水混凝土施工要点

2.1 钢筋工程

2.1.1 一般要求

剪力墙钢筋现场绑扎工艺流程：

修整预留搭接钢筋→放剪力墙模板控制线→绑扎柱梁钢筋→固定原浆面一侧剪力墙水平方向钢筋→绑原浆墙面一侧竖向钢筋→绑扎另外一侧剪力墙竖向钢筋→绑扎非原浆面侧水平钢筋→绑拉钩→绑垫块→检查成品。

（1）放剪力墙模板控制线。

在外墙内侧面放出剪力墙边线控制线，距墙边线30cm。按照该段墙模板布置情况，放出每一道螺杆的水平位置线。水平线包括螺栓孔位线、模板拼缝线和蝉缝线，弹设在基层面上。高度方向的控制线包括螺栓孔位控制线、分格条控制线、找平线，它们通过$\phi 25$镀锌管来控制，该管子埋设在原浆混凝土墙内，每跨剪力墙中部设置一根。

（2）绑扎柱梁钢筋。

按照图纸设计情况先绑扎柱子及剪力墙上暗梁。梁内如果有斜向交叉暗撑钢筋应在连梁绑扎完毕后，从梁上部穿入交叉钢筋，要求锚固长度必须满足设计要求，且绑扎牢固。斜向交叉暗撑应在连梁绑扎完毕后，穿入一根交叉暗撑纵筋，把交叉暗撑纵筋固定，从连梁箍筋侧面插入交叉暗撑箍筋，箍筋绑扎牢固；另一根交叉暗撑筋施工相同，特别注意交叉点绑扎必须牢固。

(3) 绑扎外墙外侧水平钢筋。

剪力墙钢筋调直理顺，并将表面混凝土浆等杂物清理干净。剪力墙内竖向、水平筋接头位置应错开，接头数量不超过50%，同时应符合设计要求。绑扎外侧钢筋时，操作人员站在楼板一侧，防止扎丝头露向原浆面。

(4) 双层钢筋绑扎。

根据设计图纸按要求绑扎拉筋，要求拉筋上下水平一条线，均匀布置，剪力墙底部加强部位的拉筋宜适当加密。

(5) 剪力墙钢筋锚固。

应按平法03G101的规定和设计要求，注意钢筋端柱处钢筋的绑扎。剪力墙的水平钢筋在"丁"字节点及转角节点的绑扎锚固，详见03G101；剪力墙的连梁沿梁全长的箍筋构造要符合设计要求，在建筑物的顶层连梁按平法构造做法施工。

(6) 修整。

大模板合模之前，应对钢筋拉钩和绑扎丝进行检查，对伸出剪力墙的应进行修整。墙体浇筑混凝土时，应派专人看管钢筋，浇筑完毕，立即对伸出的钢筋进行整理。

(7) 垫块。

按间距500mm梅花形布置，垫块应放在柱子两边纵横钢筋交叉处，垫块开口一侧应朝向墙体内侧。

2.1.2 钢筋施工的成品保护

(1) 绑扎钢筋时严禁碰撞预埋件，如碰动应按设计位置重新固定牢固。

(2) 应保证预埋线管等位置准确，如发生冲突时，可将竖筋沿水平左右弯曲，水平钢筋上下弯曲，绕开预埋管。但一定要保证保护层的厚度。

(3) 大模板面应在安装前的工作面上均匀涂刷隔离剂，严禁因隔离剂原因污染钢筋。

(4) 各工种操作人员不准任意踩踏、掰动及切割钢筋。

2.1.3 钢筋绑扎应注意的质量问题

(1) 水平筋位置，间距不符合要求。必须在柱子主筋上划出钢筋标高控制线，在楼地面上未封墙模板一侧划出钢筋水平间距线。墙体绑扎钢筋时应搭设高凳或简易脚手架，以避免水平筋发生位移。钢筋水平位移的控制通过增加梯形定位筋来解决，定位纵筋为2φ12，每5m设置一处，制作简图见图1。

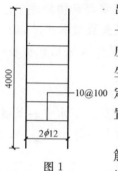

图 1

(2) 下层伸出楼面的墙体钢筋和竖直钢筋绑扎不符合要求。绑扎时应将下层伸出的钢筋调直理顺，然后再绑扎或焊接，如下层伸出的钢筋位移较大时，应征得设计同意进行处理。

(3) 门窗洞口加强筋位置尺寸不符合要求。应在绑扎墙体钢筋前，根据洞口边线将加强筋位置调整，在绑扎加强筋时应吊线找正。

(4) 剪力墙水平钢筋锚固长度不符合要求。认真学习图纸，验收钢筋下料的质量。在拐角、十字接点、墙端、连梁等部位钢筋的锚固应符合设计要求。

2.1.4 原浆混凝土要求

(1) 钢筋加工质量验收。

进场的钢筋原材料必须有出厂化验报告以及原材复验报告。钢筋原浆混凝土对钢筋加工偏差的要求比较严格，所有加工尺寸必须保持负误差，即保证原浆面保护层的正误差，以避免混凝土保护层过薄影响混凝土的耐久性和漏筋。原浆混凝土内不得使用生锈后的钢筋，锈蚀钢筋必须除锈后方能使用。

(2) 钢筋保护层垫块。

钢筋垫块采用塑料垫块卡，塑料垫块卡要求强度大、弹性小；型号按照 $\phi12$ 的钢筋选购，钢筋塑料垫块卡的间距为 500mm×500mm，塑料垫块卡布置在水平钢筋上，特别注意塑料垫卡的开口方向朝向非原浆面一侧。

(3) 剪力墙钢筋绑扎程序。

剪力墙外排钢筋绑扎→安装外侧塑料垫块卡→绑扎剪力墙内排钢筋→绑扎拉筋→安装内侧塑料垫块卡→验收剪力墙钢筋→剪力墙外侧模板支安验收→封内模。

(4) 剪力墙钢筋绑扎丝绑法。

重点是外剪力墙外侧钢筋的绑扎方法。施工人员站在剪力墙内侧，外侧钢筋绑扎丝头收于剪力墙内侧。

(5) 钢筋位置的调整。

包括两方面，为保证混凝土下料要求对暗梁（框架梁）主筋的调整和箍筋的调整；为避开模板螺杆位置，而进行的墙体双向钢筋水平或竖向位置的调整。

(6) 对原浆面模板的保护。

原浆面模板安装完毕后，需穿绑钢筋时，采用三合板对原浆面模板进行遮挡，以免钢筋对模板面造成硬伤。

2.2 模板工程

2.2.1 模板的使用材料

(1) 面板的选材：外侧面板采用芬兰 WISA 板，内侧模板采用 18mm 厚国产木胶合板。

(2) 背楞：内外侧均选用[8槽钢。

(3) 次龙骨：外侧选用"几"字形槽钢，内侧选用 50mm×100mm 的木方。

(4) 螺杆及杯口：对拉螺杆采用专用夹具，杯口采用硬质塑料套管，并采用塑料胶垫来保护面板并保证螺栓孔不漏浆。

(5) 分格条、装饰孔：分格条选用硬塑料分格条，装饰孔采用芬兰 WISA 板。

2.2.2 大模板配置质量要求

(1) 组合整体大模板根据建筑立面效果图进行整体设计，依据专业模板拼装方案进行。

（2）模板骨架的加工在模板加工车间内完成，模板骨架用钢必须满足国家规范要求。

（3）面板的裁、刨等均在木工车间内加工，操作木工必须经过培训并持证上岗。

（4）螺栓孔位必须按照设计立面效果要求排布，钻孔前在操作平台上放线钻孔，禁止凿、割、切孔及安装后再在立面钻孔。

（5）模板按照设计标准块进行拼装，拼装时应设置拼装平台，拼装平台由槽钢、支架焊接而成，并保证平台面的水平度。

（6）预拼装的装饰条（块）等与模板面板连接面处通过密封胶密封，以防漏、渗。

（7）拼装后的组合整体模板宜设置模板存放架，模板编号后存放。

2.2.3 模板的出厂及运输

（1）外墙模板体系采取中建柏利技术，在加工厂配置成成品大模板；模板严格按照模板设计方案进行配置。配置时注意事项：模板的蝉缝，接缝，螺栓的位置，装饰孔，分格缝的位置，模板吊装钩的焊接，模板的平整度等。加工厂加工的大模板必须在加工厂进行预拼，预拼合格后方可出厂。

（2）内剪力墙面模板采用现场拼装，配置方法见主体施工组织设计。

（3）成品大模板水平运输采用人工运输到每个施工段外围，垂直运输采用现场大型塔吊和特制移动扒杆等起重工具。

2.2.4 模板拼装程序

剪力墙钢筋施工→门窗洞口模板安装→先拼装外墙外侧模板→调整大模板的垂直度和平整度→外模板连接成一体→剪力墙内模拼装→内外模板连接→模板加固→检查内外模板的拼装质量。

（1）剪力墙钢筋绑扎。剪力墙钢筋绑扎的重点是检查钢筋绑扎丝是否外露，钢筋的保护层控制等。

(2) 门窗洞口模板安装。门窗洞口要求单独配模，阴阳角部位采用定型模板，为工具型，便于安拆。注意洞口企口部分模板的制作。

(3) 拼装外墙外侧模板。下楼层施工完毕，首先从外双排架上挑出水平小横杆，用木方调平、调直；在木方上粘结自然条，在混凝土接缝50mm处粘结海绵条；然后吊装外墙外侧模板，缓慢、平稳下放；大模板就位后，先用钢管顶住大模板根部钢背楞，然后用钢管顶住大模板的顶部钢背楞，这样大模板可平稳地固定在托架上。

(4) 调整大模板的垂直度和平整度。首块大模板安装完毕，用钢管和勾头螺栓将外大模板固定牢固，然后吊装第二块大模板就位，与第一块大模板对缝拼接，检查接缝的宽度、整体板的垂直度和平整度，合格后方可吊装第三块大模板、第四块大模板等。最后用线锤和2m靠尺检查整个外墙面的垂直度和平整度、接缝、螺栓位置。

(5) 剪力墙内模拼装。剪力墙内模拼装竖向背楞采用50mm×100mm的木方，间距不大于300mm；对拉螺栓孔位置与外墙面板中螺栓孔相对应，围檩采用[8槽钢，水平布置，间距为600mm。连接到构造端柱处断开。

(6) 内外模板连接。内外模板连接采用对拉螺栓连接，对拉螺栓位置按照排板图布置，间距为（水平×竖向）600mm×500mm，对拉螺栓的丝帽要拧紧。对拉螺栓紧固力争做到均匀一致，防止个别紧固力太大，损伤板面和杯口。

(7) 模板支撑加固。内外模板、洞口模板连接完毕，开始进行整体模板加固，通过斜撑、满堂架等措施保证墙体模板的垂直度和轴线偏移。

(8) 内外模板的拼装验收。所有模板施工完毕，开始进行模板验收。验收内容主要有：模板的平整度和垂直度，拼缝质量，转角处模板拼接，洞口模板拼装，螺栓和支撑架等。

(9) 首层大模板的安装。在回填土上用C30细石混凝土和水泥砂浆找平，找平宽度200mm，厚度为填土顶标高到－0.030m，上口再用20mm厚1∶2水泥砂浆找平，该找平层在室外散水施工前凿除。回填土必须密实，确保模板安装后不下沉、不变形。

2.2.5 原浆混凝土模板的特殊节点

（1）外墙混凝土一次浇筑，模板配置高度处施工缝的留设详图。

（2）外墙面窗洞口模板制作详图，混凝土分两次浇筑。

（3）外墙模板支撑体系。

（4）外操作架平台。

（5）原浆混凝土内模板支撑体系（不同）。

（6）外墙装饰洞做法（圆形、三角形、漏斗形）。

2.2.6 混凝土施工中模板的维护

混凝土施工过程中，应注意模板的维护，严禁振动棒直接振捣模板面板，模板拆除后，应对模板面层全数检查，发现板面有残痕、钉眼等缺陷要及时更换。

2.2.7 模板的拆除与维护

（1）剪力墙内模板采取散拆的方法，外侧模板采用整块拆除的方法。

（2）在任何情况下，操作人员不得站在墙顶采用晃动、撬动模板或用大锤砸模板的方法拆除模板，以保护成品。

（3）拆除模板时应先拆除模板之间的对拉螺栓及连接件，松动固定模板的支撑架体，使模板后倾与墙体脱开，在检查确认无误后，方可起吊组合整体大模板。

（4）模板的拆除强度时间按同条件养护试块强度≥5MPa后方可拆除，拆除时不允许硬拆、硬撬。用撬杠时必须有垫板保护板面，防止损伤模板面和原浆混凝土面层。

（5）线条和造型的拆除：每层三道分格条，最上面的一道分格条随外模板一同拆除，下面两道和竖向分格条7d后进行拆除。圆形孔也在7d后进行拆除。

（6）组合整体大模板及配件拆除后，应及时清理干净，面板用塑料布全部覆盖，对变形及损坏的部位及时进行维修。

2.3 混凝土工程

2.3.1 混凝土的配合比

（1）混凝土配合比的设计，混凝土配合比除了满足设计强度的要求外还应满足优良的工作性能、良好的耐久性，经1h坍落度损失小，不离析、不泌水、黏聚性、和易性和保水性好的要求。

（2）本工程混凝土配合比根据试验成果提出：强度等级C40，水胶比0.35，砂率40%，粉煤灰掺量15%，坍落度控制在14～18cm。

2.3.2 混凝土的搅拌和运输

（1）原浆混凝土由中建八局搅拌站统一供应。

（2）严格按配合比进行计量，不得随意更改。

（3）混凝土搅拌严格按照规范，注意下料顺序和混凝土搅拌时间。

（4）每一个台班测定集料含水率至少2次，根据检测结果及时调整用水量及砂、石用量。

（5）每台班在现场测定拌合物坍落度，并观察其黏聚性及保水性。

（6）混凝土运输采用混凝土罐车运输，根据混凝土浇筑速度确定罐车的数量，确保混凝土的连续浇筑。

2.3.3 混凝土施工的人员准备

（1）混凝土浇筑前要对所有参与施工的人员进行小组作业分工，每个小组设小组长一名，全面负责某一单项的施工内容；

（2）所参加原浆混凝土施工的工人和管理人员必须经过培训，通过培训合格后持证上岗。上岗前由主管工长作针对性技术交底，重点讲解本段原浆混凝土施工的一些具体要求。作业分工和技术交底采用书面交底和口头交底相结合的形式进行。

（3）特殊工种的交底：特殊工种包括泵车司机、电工、塔吊司机、塔吊指挥、信号工统一参加施工前交底，做到分工明确，号令统一。

2.3.4 混凝土施工机具准备

混凝土施工所用机具：每片区30型混凝土棒5根、50型混凝土棒10根、附着式振动器4个、木锤10把、4.5m长（直径25mm）的竹竿20根。其他同非原浆混凝土工具。

2.3.5 混凝土浇筑前的检查和验收

（1）混凝土进场后，第一车应留置一组混凝土试块，测定经时坍落度，并观察混凝土的颜色和和易性，合格后方可进行浇筑。以后每车均要进行坍落度测试，对于坍落度偏差较大的应拒绝使用，现场混凝土控制由试验工控制。

（2）试块的留置。每一个台班增加一组同条件养护试块。

2.3.6 混凝土浇筑

（1）混凝土浇筑方向。每一层混凝土施工均分成两个大区，模板配置为单层面积的1/2左右。每一区段的混凝土浇筑方向见图2。

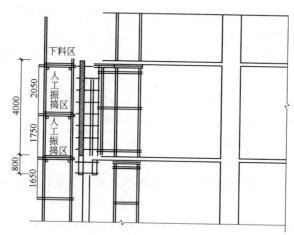

图2 原浆面混凝土浇筑

（2）混凝土下料。混凝土下料采取分层下料，第一层下料高度为30cm，以后每层下料高度控制在50cm以内。

（3）混凝土的振捣。第一层混凝土下料后，开始用30型振动棒振捣，用木锤轻轻敲击模板外侧面；第二层混凝土下料后用50型振动棒振捣，外加附着式振动器。竹竿直接插到混凝土底部，剪力墙钢筋的外侧竹竿随混凝土浇筑高度的增加而上下插拔。振动棒控制振捣半径和插入深度，振动棒直接插在双层钢筋网片的中间；混凝土振捣过程中应不停的用木锤敲击模板；以后浇筑每层同第二层，第三层、第四层等。剪力墙混凝土浇筑完毕，应留1h的沉降时间，混凝土沉降完毕后，再增加少量的混凝土，进行二次振捣。

若遇通窗时，混凝土第一次浇筑到窗底标高，窗口处留设浇筑孔以便于浇筑窗台范围内的混凝土，窗底面混凝土与相邻混凝土浇筑密实后，再浇筑窗两侧上部的混凝土，要求对称下料，最后浇筑窗上部的混凝土。小于600mm的洞口可一次浇筑到窗顶，但要求对称下料，防止洞口尺寸发生偏移。

（4）混凝土振捣注意事项。振动棒不得振捣模板、对拉螺栓、分格条，混凝土下料不得冲击面板。

（5）振捣混凝土过程中的检查。检查每层混凝土的浇筑高度，是否分层下料，敲击面板检查混凝土是否漏振。

2.3.7 混凝土外模的拆除要求

混凝土浇筑后2d，同时同条件养护试块强度超过5MPa后，由混凝土施工小组提出申请，项目技术负责人同意后，由模板小组组织人员拆除，拆除要求见（2.2.7模板的拆除与维护）。

2.3.8 混凝土的养护

混凝土的养护应根据气温的高低采取不同的养护措施。养护时间不少于7d，混凝土的养护应设专人或专门的小组负责。

本工程原浆混凝土施工主要集中在3~6月份，混凝土养护主要采取保湿养护方法。根据传统混凝土板墙养护特点、本工程混凝土板墙结构特点，以及混凝土本身构成的自然肌理，本工程主要利用混凝土结构内部自由水分，来确保混凝土强度自然增长，因此养护手段主要是防止混凝土表面水分散失，采取塑料薄膜全封闭养护，利用模板拆除后表面分格槽作为薄膜压点，将混凝土表面封闭严密。在塑料布的外层再满封三合板一层，这样对混凝土本身有一定的保温作用，同时达到成品保护的目的。

楼层施工缝属于平面，除了用薄膜覆盖外，可适当的补充一定的水分，防止表面水分散失过快，引起表面裂缝。但要避免脱水渗流到墙体表面，造成污染。

案例四　清华东路公寓、大学生公寓工程

项目名称：清华东路公寓、大学生公寓工程
完成单位：中建一局集团三公司
编制人：刘　源　叶　梅　韩文秀

一、工程概况

清华东路公寓、大学生公寓工程，又名"宝源商务公寓"。总占地面积 12490m^2，工程位于北京市海淀区清华东路南侧，由北京尚源置业有限公司开发，北京建筑设计研究院设计，北京远达监理公司监理，中建一局三公司总承包施工。该工程于 2002 年 7 月开工，总建筑面积为 62925m^2，地下 2 层、地上 17 层，建筑高度为 50.1m，层高 2.8m；结构形式为全现浇混凝土剪力墙结构，外墙设计为清水混凝土，楼层间接缝处安装与墙面一样平的金属装饰带，外墙表面涂刷一层透明水性氟碳保护剂，不再做任何装饰。外窗为银白色铝合金窗，淡绿色双层中空玻璃，阳台外有灰色方钢管栏杆，室外空调位置有银白色铝合金百叶。内隔断墙为 90mm 厚填充墙，安装陶粒空心条板。外墙保温采用内保温措施，内墙装饰主要为涂料，厨房、卫生间为面砖。

1. 工程特点及难点

（1）工程的业主为了追求"高宝源商务公寓"在中关村地区的核心竞争力，梦想建造一栋返朴归真天然质感的"原汁原味的清水混凝土住宅"建筑；来自业主方的要求极高；

（2）住宅工程外形结构形式复杂，线条多，而且该建筑物为高层建筑施工，面积大、形状错落，其中，外墙大角共有 64 个阳角，75 个阳台外阳角（上下 18 个阳台需上线），408 个混凝土

栏板阳台，476个混凝土空调板，结构变形伸缩缝4条。繁杂的建筑线条增加了工程施工的难度系数；

（3）建筑外檐为清水混凝土，对建筑屋外围周边尺寸的准确性及垂直度的要求比普通剪力墙结构高，要求测量放线精度准确、偏差小，因此，测量放线难度大；

（4）施工管理方面，由于建筑面积大，分承包商多，对分包队伍的管理与协调工作困难；

（5）住宅工程的成本较低，而饰面清水混凝土的实现不可避免的要在模板、混凝土等方面增加投入，要低成本实现质量目标，除了要克服技术问题外，还要克服经济方面、管理方面等很多非技术性困难。

2. 工程获奖情况

（1）2003年，获北京市结构长城杯金质奖；

（2）2003年，获北京市文明安全样板工地、中建总公司CI金奖；

（3）2003年中建一局集团优秀新技术应用示范工程竞赛奖；

（4）2003年度中建一局集团科技进步一等奖。

二、施工管理与技术

本工程针对高层住宅全现浇饰面清水混凝土施工技术质量目标，积极推广应用建设部、北京市颁布的有关新技术，结合本工程的特点和设计要求，在新技术的推广应用中组织技术攻关并有所创新

1. 强化总承包核心地位，实施项目管理创新

在整个工程实施过程中，以合同为依据，按照《建筑法》的要求，全面实施总承包管理职责，归纳为以下几点：

（1）以总承包管理为核心，强化总包决策、协调和组织管理能力

认真指导、协调、管理各分包商和作业层的施工，与他们签订技术经济责任状，要求他们认真对待日常的每一项管理工作和

工序操作，把做到精、细化的责任落实到人。总包加强与分包和作业层的监督及信息沟通工作，做到事前控制，尽量避免少出错误。

（2）严格实施"决策、设计、施工、管理一体化"的项目管理制度

认真按照（ISO 9002）质量管理体系的要求，建立"分级管理、分层控制"的质量管理体系。对工程实施"过程精品、动态管理、目标考核、严格奖罚"的质量管理模式，有力地促进了总包和各专业分包商共同实现工程质量目标和经济效益。

（3）实施技术与经济结合措施

在清水混凝土施工方案的优选中，在确保清水混凝土质量的前提下，以实现最小投入，获得最高收益为目的，对模板的选型匹配等进行方案优选，并对局部进行了改进。

（4）实施"方案先行、样板引路"

编制各分项施工方案和各种安全技术操作方案，通过方案实施，确定样板，制订出合理的工序，得出有效的施工方法和质量控制标准，从而保证工程施工质量。

2. 清水混凝土质量控制的措施和技术创新

（1）模板配置

外墙清水钢制大模板制作，为了确保模板平整无漏浆，对模板的接缝间隙、穿墙栓的部位、穿墙孔排布效果进行了深化设计，既要保证建筑效果的美观，还要保证结构施工的受力要求和模板平整无漏浆。改进的措施：

1）外墙大角无阳角模，减少接缝；

2）整块模板的接缝尽量放置在门窗口范围内，减少墙面上通长接缝数量；

3）穿墙孔距门窗立边均为等距离（150mm）；

4）相邻两门（窗）之间穿墙孔间距一致，打破一般的模数限制；

5）最上排孔标高在门窗上过梁中，不影响挂外挂架，支撑、

加固顶板模板；

6) 根据确定的孔位排布大模板竖背楞，确定每块模板内的钢板面板宽度及位置；

7) 钢模板通高（2.8m）范围内无横缝。

（2）柔性止水母口

钢制大模板的子母口改进，将硬接和柔性封堵相结合，有效地提高了混凝土防漏浆效果（图1）。

（3）伸缩缝特制钢制大模板

为了保证伸缩缝处的清水混凝土质量，考虑到伸缩缝内的两道墙施工顺序要求，改进大模板穿墙栓的固定方法（图2），与一般采用聚苯板夹芯施工伸缩缝相比，成型后的结构更加美观，而且降低了成本。

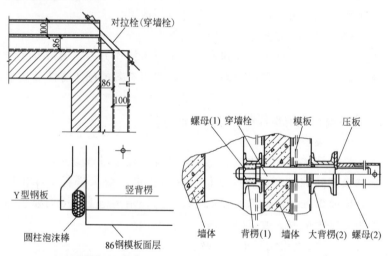

图1 86钢模板异型母口　　图2 穿墙螺栓方法

（4）特制门窗口模板

门窗洞口模板按照机械行业标准进行设计，对窗框的滴水线、窗口下侧坡口斜面及导气孔等均设计在模板上，确保了门窗洞口功能要求和混凝土浇筑的质量。

（5）模板垂直度的控制

大模板及门窗口侧模垂直度宜控制 3～4mm 偏差（上口往里倾斜）。提前预留压差变形量。以保证拆模后截面垂直度。

3. 对影响清水混凝土质量的因素及部位采取的措施

（1）测量控制

为了提高测量精度，该工程采用先进精密测量仪，并应用以井字型闭合控制网来控制标准层墙体位置，拉通尺分线，减小测量累计误差，并且考虑冬、夏季的温差变化。

（2）楼层间接缝墙技术措施

由于楼层间接缝要安装与墙面一样平的金属装饰带，考虑到外墙面清水混凝土不能露出顶板两道水平施工板缝，与设计办理了洽商，留置导墙，板上皮钢筋锚固处加钢筋增强锚固效果，凹槽总高度 15cm，中心线在结构顶板上皮。

（3）非标门窗口铝塑板蒙面

为保证非标门窗口混凝土表面形成坡面和达到不抹灰的光滑程度，木制门窗口模板与混凝土接触表面粘单面铝塑板来达到混凝土拆模后表面光滑设计效果。保证了安装门窗后外侧侧边不抹灰，不刮腻子。

（4）设置角模防撬孔

拆模时，为了防止混凝土角受损，角模上端加设防撬孔，在拆角模时将钢管插入防撬孔内拆模，而不是用撬棍别入混凝土墙面或模板的缝隙内，保证了混凝土墙面线条完整不被破坏。

（5）阳台细部节点处理措施

1）阳台栏板采用了特制的塑料制品锥体，可拆性及观感上均好于外墙上使用的铁制锥体；

2）阳台立板混凝土浇筑上口收活一次压光并做出坡水的坡度，保证安装窗户后此处不抹灰，不刮腻子，不积水；

3）阳台立板下口滴水线一次浇注成活，安装窗户后可直接打胶；

4）非标准阳台上下反檐无穿墙孔，为保证挑板上下反檐的几何尺寸，对支模方法进行改进，保证了浇筑后的质量；

5) 底模接缝与侧模接缝错开，保证合模后模板整体性的提高。

6) 为防止阳台侧立面与大墙面在同一平面内的接缝处出现开裂情况，留置明槽明缝。

4. 阳台栏板无缝施工法

阳台栏板的模板支设方法与混凝土浇筑顺序做了改变，取消水平施工缝，提高上下层的顺直度（图3）。

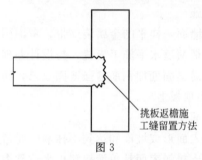

图3 挑板返檐施工缝留置方法

(1) 先浇筑阳台平板部分，为二次支设立板模板提供了支点，降低了一次浇筑成型需吊帮支模的难度；

(2) 二次浇筑立板将平板全部包裹住，实现了阳台栏板清水混凝土的无缝（顶板上皮处的水皮接茬缝）效果（图3）；

(3) 二次施工立板其底部的滴水线及卡窗框的凸槽一次成活，防止了此处的质量通病；

(4) 二次浇筑成型的阳台栏板在安装窗户后外侧无任何施工缝，内侧施工缝被窗框完全掩盖，实现了无缝施工。

5. 防止墙面无漏浆措施

(1) 墙面无流坠施工。为防止上层墙体浇筑时水泥浆流坠污染下层墙面，在已完工墙面上口凹槽内用透明胶带将30cm宽塑料布牢固粘贴在墙面上，再在塑料布上粘贴海绵条，防止模板下口漏浆（图4）。

(2) 板、预留洞防漏浆措施。预留洞模板采用立模压平模的固定方式，并与穿孔加外力压紧固定，保证了挑板下口阳角美观不漏浆。

(3) 窗口穿墙栓加密，防漏浆措施。在门窗口内侧将穿墙孔加密，并贴近模板边框，增强了门窗洞口模板与墙面大模板的紧

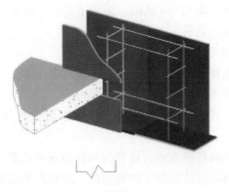

图 4

密程度,减少了此处阳角的漏浆。

(4) 五节穿墙螺栓。为保证穿墙螺栓处不漏浆,穿墙螺栓改为五节式,丝杆均为定尺带限位机构,锥体与模板面接触面积较大,中间加海绵垫圈(图 5)。

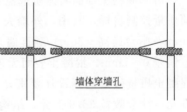

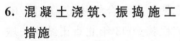

图 5

6. 混凝土浇筑、振捣施工措施

(1) 顶板混凝土浇筑顺序。浇筑顶板混凝土时,从外侧(有阳角和滴水线部位)向内浇筑,避免混凝土泌水在此部位的强度及拆模后的观感效果。

(2) 混凝土振捣时间。内外墙分两次浇筑,同地下结构外墙抗渗混凝土的施工方法。减少墙体的总体浇筑时间,减少冷缝发生的几率。外墙与内墙交界处用网片隔开,以确保混凝土无色差。

7. 清水混凝土成品保护

(1) 墙面保护,与混凝土墙面接触的外挂架触点粘一块橡胶,避免外挂架提升时划伤墙面。

(2) 安全网角点使用外挂架式支撑,避免墙面留管破坏整体效果。

（3）在外墙使用3m挑网，采用了类似于挂架的形式，保证了不在外墙面上留孔。

8. 混凝土制备质量控制

（1）对搅拌站严格要求，坚持水泥、粉煤灰、外加剂等原材料在主体结构浇筑时不能换厂家，换品种；

（2）为了控制混凝土气孔，进行外加剂技术性能的研究改进；

（3）在现场控制方面，做到每车做坍落度检测，严禁现场加水、加外加剂，保证混凝土的稳定性、均色性等要求，确保主体结构清水混凝土的色差一致。

三、工程实施效果

清水混凝土饰面实体质量经实测，均实现了施工前制定的8项质量控制目标，其中，外墙大角全高（50m）垂直度达到4～6mm；阳台通高（50m）顺直偏差3～5mm；阳台、窗口水平高差偏差0～7mm，混凝土表面无色差。工程如期竣工，饰面清水混凝土质量效果达到设计要求，实现企业综合经济效益127.03万元，社会效益36.9万元。结构工程获2003年北京市结构长城杯金奖；该工程于2004年3月通过北京市建委组织的新技术应用示范工程验收，专家们一致评价"工程质量水平高"、"高层住宅清水混凝土施工技术达到国内领先水平"。

2003年10月，建设部在京组织召开了全国住宅工程质量现场会，该工程作为代表北京市惟一的住宅工程接受全国建设系统领导专家观摩，给予了高度的肯定，赞誉"宝源工程是原汁原味的清水建筑"。

该项目在低成本投入实现住宅饰面清水混凝土效果方面作出了探索，为解决住宅工程质量通病，推广住宅饰面清水混凝土提供了先例，对促进建筑行业技术进步有很好的推动作用，具有广泛地推广意义。

案例五　北京土城电话局、信息港工程

项目名称：北京土城电话局、信息港工程
完成单位：中国建筑第三工程局（北京）
编制人：彭明祥　黄　诚　李　君　孔维祥　吴淑兰
　　　　艾月华　闵伟江　宁庆霖

一、工程概况

土城电话局、信息港工程是北京市 2002 年 60 项重大工程之一，由电信信息港、土城电话局、动力站及地下车库四部分组成。土城电话局七层，信息港十三层，两者通过四季中庭相连。总建筑面积为 62736.66m²，其中地上建筑面积 51564.22m²，地下建筑面积 11172.44m²。

工程获得奖项有：北京市结构长城杯、北京市安全文明工地、中建总公司优质工程金奖、中建总公司 CI 金奖、中建总公司科技示范工程、中建总公司 QC 成果一等奖、全国舜杰杯 QC 成果发布赛一等奖、全国优秀质量管理小组。

二、工程特点

（1）结构复杂：地下室层高高达 6.6m，局部设 2.2m 高的夹层，还设有体积达 1000m³ 的消防生活水池，施工难度大。混凝土抗渗等级高、强度等级高。

（2）地上结构层高高：首层层高 5.4m，标准层层高 4.5m，给模板的安拆、保证墙柱表面平整度和垂直度以及竖向混凝土的浇捣带来了一定的难度。

（3）施工工艺复杂：楼板采用井字梁结构形式，该部位全部为通信机房，顶棚采用石粉涂料装饰，增加了模板的拼装难度，对清水混凝土的要求极高（清水混凝土面积约为 27300m²）。

（4）总包管理难度大：为保证本工程在418d内完成，机械、劳动力及周转料投入量大，管理协调工作繁杂。

三、施工介绍

本工程从管理着手，科学组织流水施工，既合理地组织机械、劳动力，使施工生产做到有条不紊，井然有序，又能减少投入，节约成本。从技术方案着手，从钢筋混凝土三大工种着手，在施工中突出一个细字，一个严字，对模板、钢筋、混凝土施工中容易影响混凝土外观的每个细微末节都要认真处理，力求做到精益求精，尽可能杜绝质量通病，以保证结构外观达到清水混凝土效果。

1. 加强资料的管理，制定合理的施工方案

从项目一开始，就特别重视技术管理的力度，强调施工方案一定要有针对性、可操作性，技术交底一定要做到三级管理。在技术保证资料的管理上，坚持资料报验程序，层层负责，做到了技术资料真实、同步、全面、完整、交圈。

2. 本工程清水混凝土施工标准

（1）表面平整光滑，线条顺直，几何尺寸准确（在规范允许范围内）。

（2）混凝土表面颜色均匀一致，无蜂窝麻面、露筋、夹渣、粉化、锈斑和明显气泡存在。

（3）模板拼缝痕迹应具有规律性，结构阴阳角部位方正，无缺棱掉角，上下楼层的连接面平整光洁，施工完后无需抹灰或仅须涂料罩面即可达到相当于中级抹灰的质量标准。

3. 清水混凝土施工流程

施工准备阶段：审图——流水段划分——模板设计、施工——模板加工及编号。

施工阶段：测量放线——搭设灯笼架——绑扎竖向钢筋——放垫块——吊竖向模板并支设——浇筑竖向混凝土——拆竖向

模板及灯笼架——养护——楼层清扫、施工缝处理、阳角保护——搭设满堂脚手架——支水平模板——弹线、绑扎水平钢筋——放置垫块——浇筑梁板混凝土——搓毛（或收光）——养护。

4. 模板工程

（1）模板及支撑配置

地下室墙模板采用15mm厚双面覆膜木模板，柱模板采用18mm厚双面覆膜木模板，梁板模板采用12mm厚双面覆膜木模板。支撑体系全部采用扣件式钢管支撑体系。地上部分模板体系确定见表1。

模板体系　　　　　　　表1

序号	部位	信息港	电话局
1	独立柱	18mm厚双面覆膜木模板，[8槽钢抱箍加固	3.8m×1.0m×1.0m可调钢柱模
2	墙体	定型大钢模板	15mm厚双面覆膜木模板
3	梁、楼板	楼板：12mm厚双面覆膜木模板，梁：15mm厚模板	楼板：12mm厚双面覆膜木模板，梁：15mm厚模板
4	电梯井	定型钢模板	15mm厚双面覆膜木模
5	楼梯及门窗洞口	钢木结合进行自行配置	钢木结合进行自行配置

（2）模板设计、施工

1）墙体模板设计、施工。

信息港墙体采用大钢模体系，内墙模配置高度为4.40m。标准配置不够的采用二次接高（图1）。

2）柱子模板采用18mm双面覆膜木模板，背枋采用100mm×200mm的木枋，间距250mm。

3）梁模板设计、施工：梁侧模板根据现场情况采用两种形式进行配模（图2）：

梁、柱节点模板根据施工需要，做成相应的定型模板：形式一梁柱节点模板拼装成四片U形定型模板（图3），形式二梁柱节点模板拼装成四片几字形定型模板。

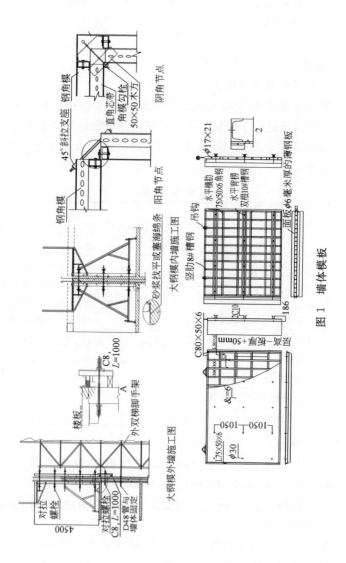

图 1 墙体模板

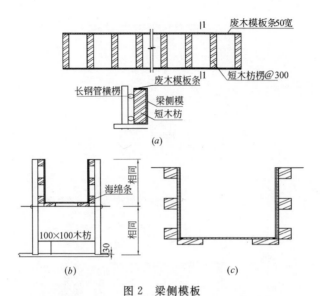

图 2 梁侧模板
(a) 梁侧模板图一；(b) 梁模板 U 形加固；(c) 梁侧模板图二

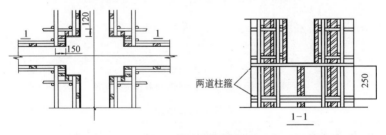

图 3 梁柱节点模板

4) 板模板采用 1220mm×2440mm×12mm 双面覆膜木模板拼装成型。顶板支撑系统采用工具式碗扣脚手架，主龙骨为 100mm×100mm 木枋，次龙骨为 50mm×100mm 木枋。

5) 施工缝的留置。水平施工缝设置在梁板顶 300mm 及梁板底部，竖向施工缝设置在后浇带竖向施工缝处。楼梯施工缝留置在休息平台板的 1/3 处（图 5）。

(3) 模板制作与加工

大钢模板加工质量标准见表 2。

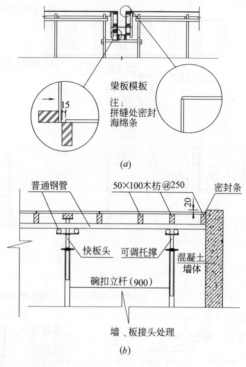

图 4 接头处理
(a) 梁、板节点处理；(b) 墙板接头处理

大模板加工质量　　　　　　　　　　　　　表 2

检查项目	允许偏差(mm)	检查方法
表面平整	3	2m靠尺或楔尺
平面尺寸	-2～0	钢卷尺
对角线误差	3	钢卷尺
穿墙孔位置	1	钢卷尺

模板加工的管理与验收要求：柱头、梁阴角模板应制成定型模板；井字梁部位的梁侧模要求制成定型模板，分类编号，整安整拆，周转使用；模板、木枋割锯前必须先提出割锯申请；木工房必须设专人管理；楼梯踏步模板必须制成定型模板周转使用。

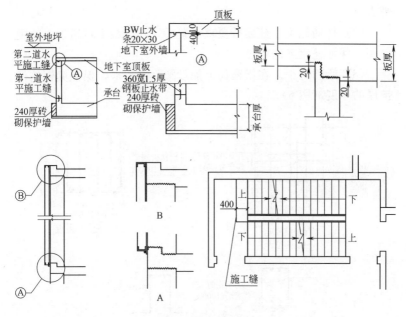

图 5　施工缝留置

(4) 模板的安装及拆除

模板支设过程中，木屑、杂物必须清理干净；模板安装前面板必须清理干净，并均匀涂刷脱模剂；模板在支设前，施工缝处已浇筑的混凝土必须进行剔凿，露出石子，并清理干净；验收重点为控制刚度、垂直度、平整度和接缝，特别应注意外围模板、电梯井模板、楼梯间模板等处轴线位置正确性，并检查水电预埋箱盒、预埋件位置及钢筋保护层厚度等。

现浇结构模板及其支架拆除时，混凝土强度除满足设计、施工要求外，还应符下列规定：侧模：在混凝土强度能保证表面棱角不因拆除模板而受损坏后，方可拆除；底模：在混凝土强度符合现浇结构拆模时所需混凝土强度表的规定后，方可拆除。

5. 钢筋工程

(1) 墙筋施工。墙筋上口处放置墙筋梯形架（墙筋梯形架用钢筋焊成，周转使用），以此检查墙竖筋的间距，保证墙竖筋的平直。

（2）柱筋施工。柱筋按要求设置后，在其板上口增设一道限位箍，保证柱钢筋的定位。

（3）梁筋施工。在梁箍筋上加设塑料定位卡，保证梁钢筋保护层的厚度（图6）。

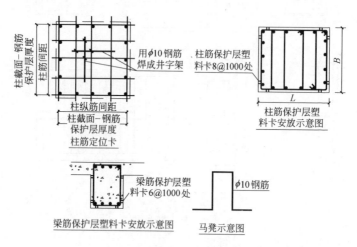

图6　柱、梁钢筋施工

（4）板筋施工。绑扎前先按设计、施工的钢筋间距在板模上弹线，绑扎板钢筋时，用顺扣或八字扣，除外围两根钢筋的相交点全部绑扎外，其余各点可交错绑扎。板钢筋为双层双向筋，为确保上部钢筋的位置，在两层钢筋间加设马凳铁，马凳铁用ϕ10钢筋加工成"几"字形。当板上部筋为负弯矩筋，绑扎时在负弯矩筋端部拉通长小白线就位绑扎，保证钢筋在同一条直线上，端部平齐，外观美观（图7）。

（5）后浇带施工。在后浇带处，梁、板钢筋用钢管架支撑，以保持梁板钢筋成水平，不耷拉或不往上翘起。

（6）预埋盒的埋设。为了防止位置偏移，预埋管和线盒用4根附加钢筋箍起来，再与主筋绑扎牢固。限位筋紧贴线盒，与主筋用粗钢丝绑扎，不允许点焊主筋。

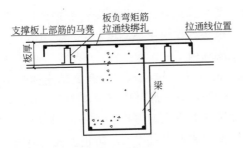

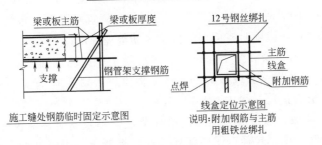

图 7 板钢筋施工

(7) 绑扎必须达到的质量标准。绑扎骨架外形尺寸的允许偏差，比规范提高一个等级。

(8) 扎丝要求。所有绑扎竖向钢筋的扎丝一律向内。

6. 混凝土工程

本工程采用预拌混凝土，现场以地泵、布料杆为主，塔吊为辅输送混凝土。混凝土按流水方向依次浇筑，竖向混凝土、水平向混凝土分开浇筑。

(1) 商品混凝土的控制

与供应站签订供应合同，对原材料、外加剂、混凝土坍落度、初凝时间、混凝土罐车在路上运输等作出严格要求。混凝土浇筑前，采用混凝土各专业会签单制度，作为混凝土浇筑前各分项质量进行验收和向混凝土供应站传递混凝土浇筑技术指标凭证。浇注时，现场收料人员要认真仔细填写每车混凝土进场时间、开卸时间、浇完时间。试验员对到场的混凝土每车测量坍落度，并做好坍落度测试记录。根据同条件养护试件强度，确定模板拆除时间，严格实行拆模申请制度。

（2）混凝土现场施工

① 柱混凝土的浇筑。柱浇筑前，在底部先铺垫与混凝土配合比相同减石子砂浆，并使底部砂浆厚度为50mm。柱混凝土分层浇筑，每层浇筑柱混凝土的厚度为50cm，振捣棒不得触动钢筋和预埋件，振捣棒插入点要均匀，防止多振或漏振。由于柱和梁板混凝土强度等级不同，在浇筑梁、板混凝土时，先浇筑柱头处C40的混凝土，且在混凝土初凝前再浇筑C30梁、板混凝土。浇筑完后，应随时将伸出的搭接钢筋整理到位。

② 剪力墙混凝土浇筑。墙体混凝土一次浇筑到梁底（或板底），且高出梁底或板底3cm（待拆模后，剔凿掉2cm，使其露出石子为止）。

③ 梁、板混凝土浇筑。梁柱节点钢筋较密时，浇筑此处混凝土时，用小粒径石子同强度等级的混凝土，用塔吊吊斗浇筑，并用ϕ30振捣棒振捣。施工缝处或有预埋件及插筋处用木抹子抹平。浇筑板混凝土时，不允许用振捣棒铺摊混凝土。

④ 楼梯混凝土的浇筑。楼梯间竖墙混凝土随结构剪力墙一起浇筑混凝土。楼梯段混凝土自下而上浇筑，先振实底板混凝土，达到踏步位置时再与踏步混凝土一起浇捣，不断连续向上推进，并随时用木抹子将踏步上表面抹平。

（3）混凝土养护

柱混凝土终凝后柱顶覆盖麻布片，浇筑混凝土24h后浇水养护，48h后拆柱模，拆模后立即采用麻布片包缠养护，养护过程中保证麻布条始终保持湿润。

7. 成品保护

项目严格规定，拆模必须执行拆模申请制度，严禁强行拆模。墙、柱阳角，楼梯踏步用小木条（或硬塑料条）包裹进行保护，满堂架立杆下端垫木枋，利用结构做支撑支点时，支撑与结构间加垫木枋。如图8所示。

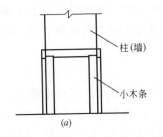
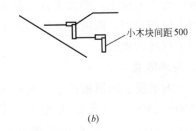

图 8 成品保护
(a) 柱(墙)护角示意；(b) 楼梯护角示意

8. 施工管理

质量会诊制度：项目经理部对各层同一分项工程质量问题发生频率情况进行统计分析，做出统计分析图表，进一步发现问题变化趋势，以便更好地克服质量通病。

挂牌施工管理：以项目质量保证体系来规定和划分每个管理人员的岗位质量职责；对现场操作人员，采取挂牌施工法管理。

四、综合效益分析

1. 对比分析

(1) 材料投入的减少。

如模板投入，若全面展开施工，则需投入一层竖向模板。由于分段施工，并考虑到地上竖向结构采用大钢模，后段施工不占用总工期，其施工可安排在前段施工间隙期穿插进行。因此，小流水段施工，地下结构竖向模板，节约一半的模板，模板周转次数增多。

(2) 劳动力投入的减少。

分段施工，劳动力可得到合理调配，其投入量可相应减少，人员在各段流水作业，可避免出现高峰期人员紧张，低峰期人员大量闲置的现象。

(3) 机械投入的减少，机械使用效率提高。

分段施工用一台泵配一台布料机足以解决现场混凝土的浇

筑，若全面施工，则需多台泵配多台布料机。既使得机械不能得到充分的利用，降低机械使用效率，而且还会占用现场空间，不利于现场管理。

2. 经济效益

大钢模采用旧模改造，共投入资金 22 万元，节约木模 $4 \times 1400 = 5600 m^2$（木模板按 5 层周转），节约木方 $3 \times 0.03 \times 1400 = 84 m^3$（木方按 10 层周转）合计节约 18.824 万元，钢模通过改造后可重复使用，目前模板正在维护，以便下一工程再次使用。

信息港、电话局水平结构采用碗扣脚手架，三层竖向钢管、两层水平钢管配置周转，节约了一层水平钢管的投入，综合考虑钢管租金及人工费用、钢管损耗费用后，信息港计 54.2 吨，节约资金 $54.2 \times 1000/3.84 \times 160 \times 0.025 = 56458.4$ 元；电话局计 57.1t，节约资金 $57.1 \times 1000/3.84 \times 112 \times 0.025 = 41635.4$ 元，合计 98093.8 元。

达到清水混凝土要求后，减少了抹灰量，降低成本 34 万元。

3. 操作简单，速度快

钢模采用塔吊安装就位及拆除，减少了工人的拼装支模量，降低了劳动强度，施工速度大大提高，根据施工统计钢筋绑扎完成后，半天内钢模就能全部就位。

碗扣脚手架在搭设、拆除方面比扣件脚手架更加简便，同时，防止扣件的遗失，水平方向的横杆可以及时拆除，减少了钢管的投入，由于碗扣脚手架钢管比普通钢管短，在上下运输中比较轻松，提高了劳动效率。

4. 质量得以保证

本工程混凝土结构阴阳角方正，墙柱尺寸标准，接缝量小，克服漏浆、胀模等质量通病，达到清水混凝土要求。工程获北京市结构"长城杯"，为确保竣工"长城杯"、争创"鲁班奖"夯实了基础。

案例六 柳州潭中高架桥主体工程

项目名称：柳州潭中高架桥主体工程
完成单位：中建八局柳州潭中高架桥项目经理部
编制人：窦孟廷　张国旗　黄贵　张琴

一、工程概况

柳州市潭中高架桥是柳州市内环线东西向交通轴的重要组成部分，由西向东依次与北鹊路次干道、湘桂铁路、跃进路主干道、白沙路次干道相交叉。高架桥起点位于市壶西大桥东岸桥台尾，终点位于壶东大桥西岸桥台尾，全长 1.357km，桥梁建筑面积 36032m^2；人工挖孔桩 164 根，冲击锥冲孔桩 4 根；新建各类道路面积 9022m^2；改建道路面积 62256m^2，人行道面积 22368m^2。

高架桥主线桥、匝道采用多跨预应力混凝土连续梁施工，主线桥为单箱双室箱梁，匝道为单箱单室箱梁，箱梁形式均为预应力空心板梁。共计 22 联，其中主线桥 9 联，C、D、E、F 匝道各 3 联，另外还有跃进路口处独立的闭合环；除 D1、C3、Z3 联和闭合环为非预应力联外，其余各联均为预应力箱梁结构。下部结构除桩基 168 根，有系梁 44 条、墩柱 156 根，盖梁 34 条，墩柱直径有 1.3m、1.5m、1.6m、1.7m 四种，墩柱最高 16.85m。上部结构均为连续箱梁，跨径有 22.5m、25m、30m、36m 和 45m 五种，箱梁高度 1.3m。主线桥箱梁宽度有 13.5m 和 18m 两种，匝道桥宽度为 8m。桥面部分有防水层、沥青混凝土铺装层、防撞栏及隔声屏障等组成。地面道路工程：含跃进路、白沙路、北鹊路和黄村路的改造，新建跃进至白沙路段道路及累计 51.8m 长的下穿跃进路、湘桂铁路地下通道等。

本工程主要工程量：钢筋 8100t，混凝土 53000m³，沥青混凝土 49000m²，有粘结预应力钢绞线 527t，无粘结预应力钢绞线 53t，支座 235 个，防撞护栏 7688m，声屏障 1875m²。该工程由柳州市城市投资发展有限公司投资兴建，柳州市市政设计科学研究院设计，湖南大学建设监理中心监理，中建八局总包承建。

本工程于 2000 年 2 月 29 日正式开工，主体结构于 2001 年 12 月 8 日完工，实际施工时间仅为 485d。

潭中高架桥工程，桩基检测合格率 100%、预应力张拉合格率 100%，验收实测实量评分 95.04 分，所有工序均达到预期的质量目标。并获得以下荣誉：局"十佳"工程、中建总公司"优质工程金奖"、柳州市优质工程"龙城杯"、广西区优质工程、鲁班奖。

二、清水混凝土概况

（1）面积：约 52000m²；

（2）应用部位：墩柱、桥台、盖梁、系梁、箱梁、翼缘、防撞栏等；

（3）效果：几何尺寸准确、表面无明显气泡、无蜂窝麻面，光滑平整、无明显色差、免装饰。

三、施工过程介绍

（一）过程策划

混凝土的施工工序包括配料、拌合、运输、浇筑、振动捣实、养护等，各工序间既紧密联系又相互影响，任何一道工序稍有不当，都将影响到混凝土的最终质量。而清水混凝土施工较其他品种的混凝土又有一定的特殊性和施工难度，尤其是在混凝土的外观质量控制上，并且在施工工艺上也有它的独特之处。决定清水混凝土质量的几点主要原因如下：

1. **模板工程**

模板的质量对最终的清水混凝土效果影响很大，所以要取得良好的清水混凝土效果，必须严格控制模板工程的质量。要求如下：

(1) 墩柱、盖梁、系梁定型钢模

1) 使用的钢模不变形；

2) 钢模内表面应平整、光滑；

3) 安装钢模时应注意接缝处理，需整齐，竖向缝要对齐成一条直线；

4) 模板支撑必须牢固，保证构件尺寸准确，外形美观；

5) 拆模小心谨慎，避免破坏混凝土，并注意成品保护。

(2) 箱梁、翼缘镜面竹胶板

1) 使用的模板应干净、整洁，以保证浇筑的混凝土面的大面平整度、光滑度；

2) 模板的接缝严密、平整、无错台；

3) 防止板缝处漏浆而出现的漏砂现象；

4) 在钉眼处扩孔，消除了成型混凝土面上遗留钉眼印的现象；

5) 使用的模板需材质致密，不吸水膨胀，不受温度变化翘曲变形；

6) 模板支撑必须牢固，保证构件尺寸准确，外形美观；

7) 拆模小心谨慎，避免破坏混凝土，并注意成品保护。

(3) 防撞栏定型钢模

1) 轮廓线条清晰，尺寸准确。

2) 要求线形平顺，圆弧、曲线部位过渡平缓、顺滑，以保证美观。

3) 模板支撑必须牢固，保证构件尺寸准确，外形美观。

4) 拆模小心谨慎，避免破坏混凝土，并注意成品保护。

2. **混凝土工程**

在清水混凝土的施工中，对同一种配合比，用不同的原材料或同一种材料不同的级配来拌制混凝土进行浇筑，将会得到不同的效果，所以原材料的选择极其重要，尤其是集料的选择、集料级配的确定、外加剂类型的选择及外加剂掺量的确定，同时根据配比用不同的原材料拌制混凝土分别做相应的试验（如试验墩、试验柱等），从中选出最佳效果者，确定料源，并且料源要相对固定。

（1）原材料选择

1）水泥。普通硅酸盐水泥拌制的混凝土其流动性和保水性较好，尤其对于长距离运输和温度较高的情况下浇筑混凝土，保水性对混凝土坍落度过程损失十分重要。对于水泥的细度，在用水量相同的条件下，水泥颗粒越细，相对水泥的表面积就越大，具有较高的活性，这会增加水化速度并加快硬化过程，并且拌合物的流动性减小，而黏聚性和保水性相应改善，同时空气含量也相对降低（注：过细的水泥，活性太大，容易受潮失去胶凝作用，往往不宜库存）。此外，水泥的凝结时间、安定性等对混凝土的质量也颇为重要，因此在水泥进场后，必须严格按照国家规范进行标准稠度和安定性等试验，以掌握水泥的各项性能指标。综合上述因素，我们选用了柳州鱼峰牌相应强度等级的优质普硅散装水泥。

2）粗集料。优良的集料应该是坚固、清洁、级配良好，有足够的机械强度，具有耐磨性，无扁平针长颗粒，表面粗糙但吸水率小，不含有妨碍水泥水化或与水泥反应引起膨胀的矿物质。在选材时我们主要对比其颗粒形状圆整度、表面光滑度、密实度和颗粒级配。首先，粗集料的颗粒形状与表面结构对新拌混凝土的和易性和硬化混凝土的力学强度均有很大的影响，圆整度即其表面光滑度好，混凝土拌合物流动性较大，而集料表面粗糙，呈棱角状，使拌合物内摩擦力增大，从而降低了拌合物的流动性。其次，良好的集料级配，其空隙率小，在水泥浆量相同时，其包裹集料表面的润滑度增加，混凝土拌合物的和易性得到改善。对于粗集料，最大颗粒粒径的确定，粒径过大，影响混凝土和易性，粒径过小，增加水泥用量，并且所生产混凝土气泡偏多，所以粒径的选择要根据工程的结构条件及混凝土强度等级要求来确定。同时如果集料的密实度不好，不仅吸水率大而且影响混凝土的强度。

3）细集料。在一定范围内，细集料的级配比粗集料的级配对混凝土的和易性的影响更大，如果砂浆的和易性好，只要砂浆能填满集料的空隙并分开粗集料使之在砂浆内移位不产生干涉，这样得到的和易性多半是良好的，经验及实践证明，太粗的砂和太细的砂均不适宜制造混凝土，太粗的砂使混凝土拌合物干涩、泌水和离析，太细的砂需要较多的拌合用水，同时也会引起离析。对细集料一般连续均匀的颗粒分布是比较适宜的级配，然而，表面积和空隙率两个因素对砂浆和混凝土和易性影响如何，值得研究，一般来说，当混凝土和易性一定时，较粗的砂的用水量要小于较细的砂的用水量，但在实际的工程应用中我们发现，较细的砂由于其空隙率比较粗的砂（中粗砂）的小，拌制坍落度相同的混凝土可用较少的用水量。基于以上各个因素，就柳州地区砂主要源自柳江河，普遍情况是颗粒级配较差，粗颗粒成分较多，从现有砂源，经多家比较，我们选择了基本符合级配的河中砂，通过配比设计，基本上满足了砂率要求。

4）外加剂。外加剂在混凝土工程的应用已不是新鲜的事情，它不仅能有效地、经济地改善混凝土的性能，而且具有良好的经济效益。从清水混凝土性能要求坍落度经时损失小，具有较好的和易性和保水性，同时还要具有缓凝效果，因此在本工程中采用了广西建科院生产的 YF-Ⅰ高效减水剂。经试验表明，减水剂浓度增大的同时，表面张力也随之增大，从而增加了混凝土的含气量，很容易在混凝土外表面形成气孔。因此其掺量不宜过大，经综合各种因素，YF-Ⅰ型高效减水剂掺量控制在水泥用量的 1% 较为适宜。

（2）混凝土配合比

配比设计的几个关键点：

① 工程结构条件和施工方法与混凝土坍落度及粗集料的最

大粒径的关系;

② 用水量与所用水泥、集料的关系;

③ 水灰比与混泥土强度的关系。

清水混凝土要求坍落度不宜过大,常规控制在 40~60mm。一般用水量增加不仅会降低混凝土的强度,损害混凝土的耐久性,而且混凝土拌合物也易离析,因此在满足和易性的要求下,通过调整粗集料的粒径及最佳的集料级配以降低混凝土的用水量,这样有利于提高混凝土的质量。

1) 水灰比。以不同集料配制的塑性混凝土拌合物,其坍落度与用水量成正比关系,即用水量大,其坍落度也大。单位用水量一定时,水泥用量对坍落度影响并不大。经试验表明,用水量增减 1.5kg,其坍落度相应约增减 10mm。因此,在保证 40~60mm 的坍落度及其具有较好的和易性、黏聚性时,水灰比宜小不宜大的原则。

2) 砂率。砂率对混凝土拌合物的和易性与稳定性均有很大的影响。我们主要通过试验的方法来选择最佳砂率,根据所选用的粗集料、细集料,经多次试拌混凝土,结果表明:含砂量不足时,粗集料容易离析;砂率过大,则影响拌合物的流动性(在用水量相同条件下),同时水泥用量也增加。

(3) 混凝土的搅拌及运输

在满足和易性、保水性的同时,比较普通混凝土,清水混凝土搅拌及运输主要要解决的问题就是坍落度经时损失。为解决这一问题,我们采用了预水化工艺。

(4) 混凝土浇筑

根据不同部位应采用不同的施工方法,以保证混凝土的质量。

(5) 其他注意事项

1) 控制好钢筋保护层,首先必须保证不露筋,其次若钢筋保护层过小,则混凝土面会有淡淡的痕迹,影响美观。

2) 夏季、冬期、雨期等特殊时期应采取相应的措施。

3）作好成品保护。

（6）清水混凝土缺陷及休整

虽然采取了一系列措施，但最终局部难免会存在一些小缺陷，应制定处理措施。

（二）施工组织设计

1. 浇筑方法

混凝土选用我局柳州搅拌站生产的商品混凝土。箱梁、顶板等大体积混凝土用混凝土输送泵泵送至施工现场进行浇筑，墩柱、梁系、桥台混凝土通过吊车提升料斗下料进行浇筑。

2. 主要机械设备

根据本工程的实际情况，箱梁及顶板混凝土施工时现场设1台混凝土输送泵，6台插入式振动棒，2台平板振动器，以满足混凝土浇筑要求。闭合环施工混凝土时加设一台混凝土泵，从跃进路北侧一端开始浇筑，沿着环行走，于跃进路南侧一端合拢。

混凝土浇筑前准备好一台发电机，其功率满足施工要求，以避免临时停电对施工的影响。

墩柱、梁系、桥台混凝土施工时需要一台吊车，3台插入式振动棒。

派专人对以上主要的机械设备进行管理，保证机械设备能够正常运转。

3. 混凝土浇筑前的准备工作

（1）对施工人员进行技术交底。

（2）检查模板及其支撑，消除隐患。

（3）请相关部门对上道隐蔽工序进行验收，填好隐蔽验收记录，严格执行混凝土浇灌令制度。

（4）若泵送混凝土时，应检查混凝土浇筑设备是否完好，铺设混凝土泵管，用钢管搭设混凝土泵架至施工现场后，用钢筋焊接支架架立泵管，泵管弯头处要将其固定牢固。

（5）填写混凝土搅拌通知单，通知混凝土搅拌站所要浇筑混凝土的强度等级、配合比、搅拌量、拟浇筑时间。

(6) 根据季节施工要求作好准备。

4. 泵管铺设（箱梁、顶板等大体积混凝土）

(1) 泵机出口要有不小于 10m 的水平软管，此部分泵管用钢管搭设支架支撑。

(2) 转向 90°弯头曲率半径要大于 0.5m，并在弯头处将泵管固定牢固。

5. 混凝土工程的施工

(1) 墩柱、梁系、桥台。通过吊车提升料斗下料进行浇筑。详见施工方案。

(2) 箱梁、顶板混凝土的施工

以联为单位，每联分两次施工，第一次箱梁部分浇筑至翼缘底标高，待箱梁内模施工完毕后进行第二次混凝土浇筑。为了美观，应尽量将施工缝设在箱梁侧面及翼缘底面交线上，并保证平直。

为防止混凝土面出现裂缝，先用插入式振捣棒振捣，然后用平板振动器振捣，直到表面泛出浆为止，再用铁滚辗压，在初凝前，用铁抹子压光一遍，最后用木抹子拉毛。

钢筋较密集的部位，要加强振捣以保证密实，必要时，该处可采用同强度等级细石混凝土浇筑，采用平板振动棒振捣或辅以人工捣固。

6. 混凝土的养护

(1) 墩柱混凝土采用塑料薄膜养护。塑料薄膜养护是将塑料溶液喷洒在混凝土表面上，溶液挥发的塑料与混凝土表面结合成一层薄膜，使混凝土表面与空气隔绝，封闭混凝土中的水分不再被蒸发，完成水化作用。

(2) 其余各混凝土构件拆模后浇水养护，要保证在浇筑后 14 昼夜内处于足够的湿润状态。

7. 试块留置原则

每一施工段，不同强度等级的混凝土每 $100m^3$（包括不足 $100m^3$）取样不得少于一组抗压试块，并留适量同条件试块。

8. 季节施工

（1）雨期施工

柳州市地处祖国西南，年平均降雨量1445mm，雨期集中月份为四至八月份，因潭中高架桥工程雨期施工时间较长，必须安排好雨期施工相应措施。

1）首先应做好满堂钢管脚手架的地面排水，沿施工便道设置排水明沟，将雨水、混凝土养护用水全部引入市政排水管网。

2）后勤部门应准备好雨期施工劳保用品（如雨衣、雨靴等），确保雨期施工正常进行。

3）原材料钢筋及半成品钢筋应用彩布等做好遮雨措施，防止钢筋生锈。

4）根据天气情况，对砂、石含水率及时检查测定，并根据测定含水率调整搅拌站混凝土配合比。

5）搅拌站水泥库房四周应做好排水明沟，水泥底部应用木枋及木板架空，防止底部水泥受潮硬结。

6）箱梁混凝土浇筑时，应备好足够的彩条布，以便下雨时覆盖，防止雨水冲坏未初凝的混凝土表面。

（2）夏季施工

1）夏季尽可能加以覆盖骨料，至少在使用前不受曝晒，必要时用冷水淋洒，使其蒸发散热。

2）后勤部门应做好作业班组的防暑降温工作，尽可能地给施工人员创造好的施工条件。

3）上构混凝土浇筑后，一旦初凝，应立即覆盖麻袋，对混凝土表面进行防晒、防蒸发保护，同时，对混凝土进行浇水养护，浇水养护必须使覆盖麻袋处于湿润状态。

4）墩柱及桥梁侧面采用塑料薄膜养护，尽量减少养护水分蒸发，保证养护效果。

5）根据夏季昼长夜短及中午高温的特点，可将上午上下班时间适当提前，下午上下班时间均推后。

（3）冬期施工

1）当日平均温度低于5℃时，不得浇水，可涂刷养护剂进行养护。

2）采取覆盖塑料薄膜或麻袋等防冻措施。

（三）施工方案

1. 模板工程施工方案

潭中高架桥主体工程可分为下构模板施工和上构模板施工两大块，其中下构模板的施工包括柱、梁系以及桥台模板的施工，高架桥的主体和四条匝道的柱、防撞栏等全部用钢模施工，其余使用镜面竹胶板施工。

（1）墩柱、梁系、桥台模板

1）柱按柱径分为四种定型模板：分别为内径170cm、内径为160cm、内径为150cm、内径为130cm的定型钢模板，定型钢模的统一高度尺寸为150cm。柱的模型拟用10mm钢板卷制而成，后背用角钢弯制成水平肋和竖肋焊在钢板上，使其具有足够的刚度和强度，水平肋和竖向肋交汇处成平面，不得出现错台，每节钢模用两个半圆组成，半圆间的竖缝和节与节之间的水平缝做成5mm宽的企口，钢板的接缝边须刨平，使用ϕ16螺栓连结，以利密合不漏浆。在系梁处设置特殊的节段，柱模和系梁模型可拼装成一个整体，以达到柱与系梁同时浇筑的目的。浇筑时，系梁模型下设简易支撑架，确保底模不变形，桩基顶预埋ϕ16螺栓作固定底节模型之用，设一节2.0m左右高的联结节；柱若分两次以上浇筑时，设在上端。第一次浇筑后，拆除该模节以下的部分，再立其上的柱模与之联结。立模时，搭脚手架便于人员操作，柱模立后用经纬仪检查定位，上端用钢丝绳揽风和紧线器作调整，低柱或底节时也可用木顶撑调整并固定。柱高在10m以内时，可在地面上，组装好柱模，用吊车一次提吊就位，柱高在10m以上时，宜分两次立模和浇筑，若有系梁时，在系梁底标高处须有一次施工接槎。

2）在立柱的模型中需有不同高度的模节相互搭配使用，以适应不同的柱高，为便于具有良好的搭配法，每种高度尺寸应满足：最低柱高加数倍模数的（纵坡乘跨度）尺寸变化，纵坡×跨度即为每节模高的模数。当纵坡与跨度变化较大，模数也很多时，可采用末次浇筑高度低于模口高度的办法来解决，一般控制在 30～50cm 为宜，以便于操作预留柱顶支座预埋螺栓孔。

3）当柱顶有外露的盖梁时，用钢板加角钢肋制成整体式的底模，在底模下设与柱同直径的抱箍，在地面拼装好后用吊车提升底板，将其套入柱顶，搁置在预先设置好的柱箍横梁上，再用螺栓与抱箍梁联结，用方木或圆木将底模支顶在其下 4.0m 左右的系梁上，系梁钢筋完成后，再整体吊装侧模于底板上。侧模和底模接触面加设油毡垫条，最后用螺栓拧紧固定，侧模上口加设内顶撑和外拉杆以固定平面尺寸，底板与柱间的小缝隙用油毡条塞实后再用与底板同色的灰膏压实刮平。拆模时，用吊车配合分块解体吊下。

4）盖梁和系梁的施工工艺和柱模基本相同，盖梁施工时，侧模全部使用钢模板，底模全部用镜面竹夹板，不同柱径的盖梁竹夹板分类加工。

5）桥台模板的施工相对较简单，但是，为了保证整个高架桥协调、美观。所以，全部桥台模板都是用的镜面竹夹板。镜面竹夹板标准、面平且容易脱模等优点。在桥台的施工中同样注重对模板的处理，同时要求模板拼装达到规定的要求，模板拼缝不能大于 2cm，板缝之间不能出现高低错台现象。加固的措施要牢固可靠，浇筑时，模板不允许发生变形。

6）要保证清水混凝土处理达到良好的效果，在立模前模板处理的工作中除锈、拼接、拼缝处理、立模前清理包括校正等每一个工序可以说是显得非常的重要。每次立模前，对班组交底和对操作工人严格要求。

7）柱与盖梁的特制钢模拟选用有资质、有经验和加工能力的厂家设计和加工制作。

8）成品保护主要是阴阳角的保护，模板吊装时直接影响成品的外观质量，对模板施工的卸装要特别重视，模板卸装的时候必须有安全人员值班，并对班组进行工字钢卸装的详细交底。

(2) 上构（箱梁、顶板）模板

该部分可分为支架工程和模板工程两大类。

1) 支架工程。

施工的工序可分为支架基础处理、支架垫板的铺设、支架搭设以及支架上部处理工作。支架处理主要是场地平整压实和支架基础的排水处理，其中基础的压实度根据地基承载力达到92MPa以上，经过试验室试压确定，达到强度后才可进行下一道工序的施工。柳州3~11月份的降雨特别丰富，所以在做好基础后，为防止基础因为浸入水后土发生软化，承载力下降，所以必须作好相应的排水措施。Z1—Z3联地基因为是沥青混凝土，所以在做排水的时候间距可以放大一点。

2) 模板工程（镜面竹胶板）。

工艺过程如下：

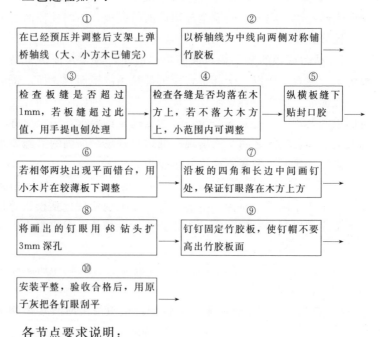

各节点要求说明：

①② 弹线使模板沿桥轴线对称铺，可使混凝土面所留有的各板缝均与桥轴线平行，整齐而美观。

③ 若板缝太大，则板缝太明显，影响美观。

④ 防止出现探头板，导致所浇筑成型混凝土面产生错台现象。

⑤ 防止板缝处漏浆。

⑥ 防止出现错台现象。

⑦ 保证钉子不落空钉。

⑧⑨⑩ 以防混凝土面上留下钉眼。

(3) 其他注意事项

为了达到清水混凝土的效果，不论哪种模板都必须注意以下两点：

1) 模板表面处理和脱模剂的选择。

立模前先用电动钢丝刷将其表面的氧化层、杂质除掉，并用干棉纱将灰尘擦干净，以防模板表面有锈斑粘结在混凝土面形成色斑。

模板表面清洁干净后，将接缝处理完毕立即涂刷脱模剂，脱模剂宜选用白色水溶剂脱模剂（本工程采用铁一牌 TQN-T 脱模剂），它的特点是在短时间内容易风干。因模板难免会有局部微小的凹凸，如果选用机油或其他非水溶性脱模剂，其在短时间内不易风干，在液体表面张力的作用下，油类脱模剂即向凹处集中，使得涂刷的脱模剂不均匀，在拆模后混凝土表面就会出现颜色不均匀现象。

2) 拼缝处理。

钢模按其高度配制并拧紧螺栓后（连接处采用企口法兰连接），在每一道拼缝处刮一道约 2cm 宽原子灰，以便消除模板拼缝和两块模板拼接处的错台，使高低错台形成一平滑斜坡，然后用粗砂纸打平后，再用细砂纸磨滑。

镜面竹胶板应保证所浇注混凝土面的大面平整、光滑。通过对竹胶板刨边处理，使接缝严密、平整，无错台。在板底粘贴封口胶，防止板缝处漏浆而出现的漏砂现象。

2. 混凝土工程施工方案

本工程混凝土采用普通硅酸盐水泥，施工期间天气炎热，且本工程搅拌站距浇筑地点平均3km远，为了解决混凝土坍落度的经时损失，采用了预拌混凝土预水化工艺。

水泥遇水搅拌立即形成网状凝胶结构，若在其网状胶凝结构形成后立即进行二次搅拌破坏此网状结构，既不使水泥各胶凝丧失活性，可使二次搅拌至第二次网状结构形成间隔时间较长，可大大减小混凝土坍落度经时损失。若辅以黄花萘系或更活性高效缓凝减水剂，其效果则更明显。

工艺过程：先投料加水搅拌30s→加入外加剂后再搅拌60s→运至现场浇筑。

采用混凝土预水化工艺搅拌出来的混凝土，据现场坍落度实测表明，0~2h内坍落度基本无损失，2h~4h内坍落度损失平均值为0.8cm。

（1）墩柱、梁系、桥台混凝土

按预拌混凝土预水化工艺搅拌混凝土，此外还应注意：搅拌机加水空转数分钟将积水倒净，使拌筒充分湿润。

1）配合比原料控制。严格掌握混凝土材料配比，在搅拌站提出配合比单。原材料重量配比的允许偏差为：

水泥、外加混合料±2%；

粗、细骨料±3%；

外加剂、水用量±2%。

2）混凝土的运输。本工程采用罐车运输搅拌好的混凝土，运输过程中，要求容器严密不漏浆，保证混凝土的和易性。

3）混凝土浇筑前的施工准备。搅拌机使用前要检修调试，保证水电的供应，注意天气预报，掌握天气情况，认真检查模板、支架、钢筋和预埋件是否满足荷载及位置尺寸要求。同时应注意以下要点：

① 在浇筑工序中应控制混凝土的均匀性和密实性。混凝土

拌合物运至现场后应立即注入模板。

② 浇筑混凝土时，应注意保证混凝土不分层离析，自由倾落高度大于 2m 要设置溜槽或串筒下料。

③ 浇筑竖向结构混凝土前，应在底部先填 5～10cm 厚的与混凝土成分相同的水泥砂浆。

④ 混凝土浇筑过程中，应随时观察模板、支撑系统、钢筋、预留孔洞有无变形、位移。

⑤ 混凝土在浇筑及静置过程中，应采取措施防止产生裂缝。由于混凝土的沉降及干缩产生非结构性表面裂缝，应在混凝土终凝前加以修整。

4）混凝土的浇筑

由于本工程墩柱主要是 $\phi130\sim\phi170$cm 圆形墩柱，高度在 2.75～16.85m 之间，且所选用混凝土坍落度较小（40～60mm），混凝土浇筑采用吊车提升料斗下料。为防止落差太大，避免混凝土在下料过程中产生离析，垂直下料采用串筒入模，串筒底端距浇筑面高度保持在 1.5m 以内，且串筒尽可能在模板内居中安放，使混凝土入模自然下落，均匀分散在模内。

振捣器宜选用直径为 50mm 的插入式振动器（振幅过大，容易在振捣部位形成涡旋），插入点距离模板内壁保持在 10cm，作用点间距离 25～30cm 较为适宜。且每个插入点振捣时间控制在 20～25s 之间，使被振动部位的混凝土成一水平面且不再出现气泡为止，插入深度以伸入下层 5～10cm 为宜。同时谨防过振，一般情况下，振捣过程中大量的水、水泥及集料的细微粒子将在靠近模板和水平表面聚集，混凝土在经过繁重的浇筑振捣后，其中的固体颗粒下沉，而水分携带微细粒子上浮，同时混凝土体内的部分气泡也沿着模板的内壁上浮，如果过振，不仅会对混凝土的强度造成损害，同时随着水分及气泡的上浮，带走了聚集在模板内壁的水泥浆和集料中的微细粒子，在坍落度较小的情况下，其他的水泥浆及微细粒子来不及填补，这样在混凝土的外表面会形成一条清晰的线路（即砂线），影响混凝土的外观质量。

5) 混凝土的养护及成品保护

本工程墩柱养护采用包塑料薄膜。在墩柱脱模后立即用塑料薄膜自上而下包一层。若对于上部有盖梁的柱，将其外漏钢筋逐根用塑料薄膜包裹，以防钢筋生锈雨天锈水流至柱立面形成色斑。一般养护 7d 后可将柱身塑料薄膜揭掉，若包裹时间太长，由于包扎不均匀或雨天局部浸水，长期包裹形成养护色差。柱身养护用塑料薄膜揭掉后，柱脚以上 2m 的范围内仍要用塑料布包裹保护，以防雨天泥巴飞溅在柱上或人为乱写乱画。

(2) 箱梁、顶板混凝土

1) 主要机械设备及安放。

混凝土泵选用沈阳工程机械厂生产的混凝土泵和武汉楚天牌泵（一台备用）。沈阳泵最大泵送压力 7～9MPa。料斗容积/上料高度为 600～1230L/mm，混凝土输送管径 ϕ125mm。

混凝土泵置于坚实的地面上，在泵机下浇 150mm 厚的 C20 混凝土垫层。支腿及支腿底板必须用机械装置销住。泵机周围至少有 1m 的工作空间，便于操作和维修，在距泵 3～5m 的输送管路要固定，用于吸收输送管路在泵送时的反作用力。布置水平管或向下的垂直管时，宜采用混凝土浇筑方向与泵送方向相反；布置向上垂直管时，宜采用混凝土浇筑方向与泵送方向相同；向下泵送混凝土的输送管路，应按图进行安装，垂直向上输送时，底管用厚壁管。混凝土泵的位置距垂直管应有一段水平距离（大于 17m），在靠近泵机水平管路处装截止阀，泵送时将专门支架设水管平管。

2) 泵管铺设。

输送管路的接头应保证密封，不得漏气、漏水，末端软管弯曲不得超过 70°并不得强制扭转。从泵机出口 ϕ150 至泵管 ϕ125，必须接一个过滤接头长 500mm，距泵机 5m 左右，泵机出口锥管处不允许直接接弯管，间隔水平距离至少 5m 以后才能接弯管，向下输送时，为了避免因自重作用造成混凝土离析，泵车开始压送时可塞进几个水浸海绵球或湿布、水浸卷成柱壮的水泥袋纸等作为压送混凝土的先导。除此之外，在下行管上部另装一个排气阀，在开始泵送以后按需要随时排气；在泵送前，根据输送管的线路长度，如 200m 时，料斗内注入水泥砂浆 500L（即水泥 500kg，砂 250kg）。坍落度控制在 15～20cm 左右。

3）浇筑前准备工作。

搅拌机使用前要检修调试，保证水电的供应，注意天气预报，掌握天气情况，认真检查模板、支架、钢筋和预埋件是否满足荷载及位置尺寸要求。同时应注意以下要点：

① 由于泵送混凝土的流动性大，施工冲击力强，因此模板在设计时，必须根据泵送混凝土对模板侧压力大的特点，确保模板和支撑有足够的强度、刚度和稳定性。

② 浇筑混凝土时应注意钢筋，一旦钢筋骨架产生变形和位移，应及时纠正。梁顶板和底板水平钢筋，应设计足够的钢筋撑脚和钢支架。

4）混凝土的运输。

本工程拟采用混凝土搅拌运输车运送混凝土，在运输途中，混凝土搅拌筒始终在不停地作慢速转动，从而使筒内的混凝土拌合物可连续得到搅动，以保证混凝土经长途运输后，仍不致发生离析现象。

使用混凝土搅拌输送车必须注意的事项：

① 混凝土必须能在盛料罐转动时均匀卸料，出料干净、方便，能满足施工要求，与混凝土泵联合输送时，其排料速度能相匹配。

② 从搅拌输送车运卸的混凝土中，分别取 1/4 和 3/4 处试样进行坍落度试验。

③ 混凝土搅拌输送车在运送混凝土时，搅动转速为 2～4r/min；整个输送过程中拌筒的总转数应控制在 330 转以内。

5）混凝土的浇筑

① 泵的操作。

新管路易使泵输送增加阻力，在泵送最初的 $50m^3$ 混凝土时，要缓慢，以后可逐渐增大泵送量。

若泵送发生堵塞时，立即反泵3～4个行程，把管路内混凝土吸到料斗中，重新搅拌，再缓慢泵送，正常泵送时不允许随意换向，主控阀和换向阀已调好的动作自动换向。在中断泵送工作时，应立即反泵2～3个行程，释放输送管路的压力；停泵时间在30min以内时，应将混凝土泵回料斗，经搅拌后再泵送。

泵送混凝土必须由专门人员操作，泵车启动后应先泵送适量的水，以湿润混凝土泵的料斗、活塞及输送管内壁。确认混凝土泵和输送管中无异物后可采用与将要泵送的混凝土内粗骨料以外的其他成分相同配合比的水泥砂浆，也可用纯水泥浆或1∶2水泥浆试泵。润滑用的浆体应散布，不得集中浇筑在一起。泵送的速度应先慢后快。混凝土泵送时应连续进行，如必须中断时，其时间不得超过从搅拌到浇筑完毕所允许的延续时间。

② 混凝土的浇筑：

a. 同一区域混凝土浇筑，应先竖向后水平结构，分层连续浇筑；

b. 当不允许留施工缝时，区域间、上下层之间混凝土浇筑间歇时间不得大于混凝土初凝时间；

c. 当下层混凝土初凝后，再浇上层混凝土时，应先按留施工缝的规定处理；

d. 浇筑竖向混凝土时，布料口离模板内侧不应小于50mm，并不向模板内侧面直冲布料，也不得直冲钢筋骨架布料；

e. 浇筑水平结构混凝土时，不得在同一处连续布料，应在2～3m范围内水平移动布料，且宜垂直于模板；

f. 混凝土浇筑分层厚度一般为300～500mm，当水平结构的混凝土浇筑厚度超过500mm时，可按1∶6～1∶10坡度分层浇筑，且上层混凝土应超前覆盖下层混凝土500mm。

③ 混凝土的振捣

振动器的操作，要做到"快插慢拔"。快插是为了防止先将表面混凝土振实而与下面混凝土发生分层、离析现象；慢拔是为了使混凝土能填满振动棒抽出时所造成的空洞。对于小坍落度混凝土,还要在振动棒抽出的洞旁不远处,再将振动棒重新插入才能填满空洞。在振捣过程中,宜将振动棒上下略为抽动,以使上下振捣均匀。

混凝土分层灌筑时,每层混凝土厚度应不超过振动棒长的 1.25 倍;在振捣上一层时,应插入下层中 5cm 左右,以消除两层之间的接缝。同时,在振捣上层混凝土时,要在下层混凝土初凝之前进行。

每一插点要掌握好振捣时间,过短不易捣实,过长可能引起混凝土产生离析现象,对小坍落度混凝土尤其要注意,一般每点振捣时间为 20~30s,使用高频振动器时,最短不应少于 10s,但应视混凝土表面呈水平不再显著下沉,不再出现气泡,表面泛出灰浆为准。

振动器使用时,振捣器距离模板不应大于振捣器作用半径的 0.5 倍,并不宜紧靠模板振动,且应尽量避免碰撞钢筋、芯管、吊环、预埋件。

④ 混凝土的收光

水平结构的混凝土表面,应适时用木抹子抹平,搓抹两遍以上,必要时用铁滚筒压两遍以上,以防止产生收缩裂缝。

⑤ 混凝土的养护

浇水养护,要保证在浇筑后 14 昼夜内处于足够的湿润状态,并根据季节施工采取相应措施,例如:酷热天气施工,随时测定掌握梁腔内外温差情况,必要时通风降低腔内温度,尽量减少混凝土内由于温差而出现的内应力。

(四)过程管理

为了保证潭中高架桥清水混凝土工程的质量,项目部相关管理人员及相关各职能部门必须同心协力,综合应用管理技术和科学方法,提高工程施工各道工序的施工质量,以保证和提高各个环节的施工质量。

主要职能部门及相关管理人员如下:

经理室：方××（执行项目经理）、窦××（生产副经理）

技术科：杨××（总工）

施工科：张××（混凝土施工员）、马××（钢筋施工员）、段××（木工施工员）、黄××（预应力施工员）、马××（测量组组长）

质安科：赵××（质安科科长）、陈××（安全员）

试验室及搅拌站：王××（试验室副主任）、杨××（试验员）等。

以上职能部门及主要管理人员及其他配合部门、人员严格按照本部门、本岗位的职责开展各自的工作。同时，项目部制定的各种规章制度必须切实落实下去。

本工程在清水混凝土工程的施工过程中熟练运用了科学的PDCA原理来指导施工，"运用QC方法提高墩柱清水混凝土施工质量"获局QC活动二等奖。通过这次活动有效杜绝了混凝土施工中常见的一些通病，也防止了出现的问题再次发生，此外，项目部制定了样板领路、奖优罚劣等各项制度，保证了清水混凝土的质量并取得了较好的经济效益。

案例七　上海浦东高桥仓储运输公司物流转运中心

项目名称：上海浦东高桥仓储运输公司物流转运中心
完成单位：中建总公司（上海）
编制人：谢东海　毛乂平　熊思东　伍荣杰　彭宗佑
　　　　　熊思杰　左陈军　岳新龙　杨支凡

一、工程概况

上海浦东高桥仓储运输公司（西场）改扩建工程—物流转运中心位于上海市浦东新区高桥镇港城路北侧、江东路西侧，占地面积约2.5万m^2，是东亚地区目前最大的集箱物流转运中心。该工程由交通部第三航务勘察设计院设计，总建筑面积约90646m^2，分三个标段进行施工。其中A标段由中国建筑工程总公司施工，建筑面积约为23000m^2，建筑高度为23.8m，建筑主体四层，底层层高为6.5m，2~4层层高为5m。

A标段工程平面呈矩形布置，东西方向长100m，南北方向宽为62m，其中南面通过网架同B标段主体连接，总高度为38.5m；货区设有两部大型电梯和直跑楼梯，局部设夹层，用于办公用房；外门窗采用抗风卷帘门和静电喷涂彩色铝合金窗。屋面为CR聚氨酯喷涂防水、保温、细石混凝土保护层；外墙面采用防水涂料；仓库内设自动喷淋系统，建筑物耐火等级为二级。

本工程为框架结构，抗震设防裂度为七度；安全等级为一级；基础为钢筋混凝土独立承台，外围轴线承台与高1.7m的基础梁连接；上部为10m×10m的框架柱网；楼板采用技术含量较高的带柱帽双向预应力密肋楼板，混凝土强度等级为C40，全部采用Ⅲ级钢筋；楼面为非金属骨料耐磨地面；填充墙采用新型

MU100 混凝土多孔砖，规格为 240mm×115mm×90mm。

本工程开工日期为 2002 年 4 月 1 日，竣工日期为 2003 年 3 月 31 日。合同工期为 10 个月，其中土建部分工期为 6 个月，安装部分工期为 4 个月。

本工程在工期进度、工程质量、安全文明施工等各个方面均取得了良好的效果，在工程质量方面获 2002 年度上海市水运工程优质结构"申港杯"奖、上海市建设工程优质结构奖；安全文明施工方面顺利通过《上海市施工现场安全保证体系》内、外审，荣获浦东新区及上海市"建设工程安全标准化管理达标工地"称号。在上海的港区建设中为公司树立了良好的形象。并被中建总公司评为科技推广示范工程，获得了中建科学技术奖。

二、清水混凝土概况

本项目"清水混凝土"面积达 29600m^2，其中楼板面积为 23000m^2，柱面面积为 6600m^2。混凝土表面平整、光洁、无色差。

三、清水混凝土施工过程介绍

1. 清水混凝土施工过程管理

在项目部成立之初，我们就确立了质量、安全目标，建立了与之相对应的管理体系，并在项目运行过程中按照我们当初的设想严格地执行，不断充实、持续改进，为以后的项目施工积累了一定的经验。

（1）管理目标、组织体系

本工程质量目标为：确保"上海市优质结构"，争创"白玉兰"奖；安全文明施工目标为：确保"上海市标化工地"，争创"上海市文明工地"。

本工程作为我公司的主要施工项目之一，配备了较完整的项目班子，并针对各项目标建立了组织体系，做到责任到人，对口管理，确保了本工程各项指标的实现和施工的顺利进行。管理体系实行项目经理负责制，下设工程部、质安部、材料部、综合管理部，各职能部门在项目经理的统一领导协调下，对工期、质量、安全和成本控制等方面，进行全面、全过程地组织管理和协调控制，确保工程优质、高速、按期完成。

为保证施工的顺利进行，我们在工程初期就建立了质量管理体系及安全保证体系，并针对现场实际情况设立了防火指挥小组、防台、防汛指挥小组、应急指挥小组和混凝土浇捣指挥小组，均以项目经理为主要责任人，各部门具体负责，并将各分包队伍纳入项目部的管理体系中，从质量、安全、工程进度等方面进行层层分解、层层落实，有计划、有条理地组织施工，保证不打乱仗，不打败仗。

（2）质量控制

本工程由于综合技术含量比较高，工期紧，结构复杂，施工工艺要求较高，混凝土表面不粉刷，要求一次成型，而模板采用木模、钢模、塑料模壳等多种材质的综合运用，又包含了多种新技术、新材料，如何保证工程质量是一大难点，对工程的质量管理提出了很高的要求。

为保证工程质量，项目部从多方面入手，狠抓质量关，编制了详细的施工组织设计，通过多方面比较论证，从技术、施工管理以及现场施工等各个方面都加以考虑，最后确定适合我们工程施工、贴近项目实际的施工方法，做好详尽的技术方案，同时编制好各分部分项工程的作业指导书，进行层层交底，使每个操作工人都能够了解自己所在岗位的质量、安全及技术方面的要求，力争在施工过程中作到不遗漏、不错误。

要达到"清水混凝土"的效果，对模板的制作、拼装以及混凝土浇捣的要求都很高，项目部制订了一系列的措施来严格控制质量。在钢筋下料时，严格按规范要求制作，每个操作人员都需严格按照"钢筋下料单"的型号、尺寸进行加工制作，且不允许随便堆放半成品，以避免因型号多且尺寸接近而造成错拿、错放；在钢筋绑扎前要先弹线、划线，保证钢筋的绑扎顺直、尺寸符合，不同部位、不同型号的钢筋进行编号，保证不错放、不漏放、不多放，绑扎完毕后扎丝头、钢筋间距、排距、保护层厚度等逐项检查，避免混凝土浇捣后有扎丝露头、露筋、保护层厚度不符合规范要求及钢筋偏位现象。

模板从加工场地到现场拼装，每道工序我们都定专人负责，不随便更换操作工人，以避免不同操作人员引起的人为误差；在装拆过程中尽量做到轻拿轻放，以保护施工成品和避免模板损坏；在现场拼装时，施工员、质量员严把质量关，超过规范允许偏差或可能造成混凝土浇捣成型后达不到"清水混凝土"要求的部位坚决予以整改或返工；经技术人员及施工员共同进行了多次探讨，制订出多种模板支撑加固方案，以确保不爆模、胀模；在模板拼装完毕后，经班组自检、施工员、质量员复核无误后方报监验收，使本工程的一次性报监验收通过率达到90%以上。

为保证混凝土的质量及控制好凝结时间，特别是保证预应力混凝土能在规定时间内达到张拉条件及骨料地面的平整度，项目部每次在混凝土浇捣前对混凝土搅拌站的备料质量进行考察，确保混凝土的质量，确保不耽误工期，因主体施工正处于多雨季节，我们密切注视并及时掌握天气情况，抓住时间空挡，与老天抢时间，在确保混凝土浇捣不受天气影响的同时保证工期，特别是楼板浇捣，面积大、方量大、机械设备多，班组之间的协调十分重要，我们成立了混凝土浇捣指挥小组，从楼层到地面、从现场到后勤、从收发料到控制，实行全方位的指挥和调度，同时与搅拌站密切联系，严格控制混凝土的坍落度、凝结时间，以保证混凝土浇捣后不出现质量通病。从基础到结构封顶，我们严格按上述措施实行，结果证明上述措施是可行的，本工程的混凝土浇捣后的质量及表观质量都一致得到了业主、设计、总包及监理的认可和好评。

在材料方面，我们严格挑选材料供应商，对无资质、无执照、无检验的"三无"供应商坚决不用，并多方认价、考察，确保工程材料的质量、数量及价格都是相对优越的；材料进场后经材料员及施工人员一同验收并按有关规定进行复试后方才使用；材料挂牌堆放，以避免错用或未经检验就使用；加工材料同样也要经过验收复试后方能使用，对不符合要求的及时向甲方提出，并挂牌标明暂时不用或予以退回。

要建成高质量的工程，人的因素是主要因素，我们在工程开工前对分包队伍进行了多方面的比较和选择，从而进行筛选，选择技术好、能打硬仗的劳务分包队伍，并经常性地对操作工人进行质量、安全方面的培训，以提高操作工人的质量、安全意识。

2. 施工技术方案

（1）泵送商品混凝土的应用

工程设计为独立承台、地梁混凝土强度等级为C30，基础柱及主体结构混凝土强度等级为C40，根据上海市有关文件和设计要求，工程所有结构混凝土全部采用商品混凝土，经考察对比，最终确定由上海市浦新混凝土搅拌站和上海外高桥搅拌站共同提供。

商品混凝土生产要求：

1）原材料要求：

水泥：一般采用硅酸盐水泥、普通水泥和矿渣水泥，且硅酸盐水泥、普通水泥应符合GB 175—1999标准；矿渣水泥应符合GB 1344—1999标准。水泥进站必须具有出厂合格证和上海市材料准用证，并应对其品种、等级、包装（或散装仓号）、出厂日期等进行检查和验收，如对水泥质量存怀疑或水泥出厂超过三个月，应进行复查试验（安定性、凝结时间、强度等），按试验结果使用。散装水泥进场后，须按品种、等级进入指定筒仓，包装水泥必须经检验后，应挂牌，堆放整齐。

黄砂：采用中粗河砂，其质量应符合《普通混凝土用砂质量标准及检验方法》（JGJ 52—92）中的有关规定，并应根据不同的级配，选用不同的黄砂，黄砂进场应进行检查、验收和复验试验。砂含泥量应控制在3%以下，且严格控制砂中有害物质。

石子：普通混凝土所用石子应符合《普通混凝土用碎石或卵

石质量标准及检验方法》（JGJ 53—92）中的有关规定。轻骨料混凝土中所用的轻骨料，也应符合轻骨料有关标准。石子进场，必须选用级配良好的石子，含泥量应控制在1%以下，并严格控制石子中的有害物质。

粉煤灰：用于混凝土掺合料的粉煤灰，应符合上海市《粉煤灰在混凝土和砂浆中应用技术规定》（DBJ 08-27—92）标准，且应采用Ⅱ级粉煤灰。粉煤灰进站应出具合格证，并经复试合格方可使用。运输粉煤灰宜用专用粉煤灰罐车，运输和储存均不得受潮。

外加剂：外加剂必须有产品合格证，且必须试配合格后方可使用，外加剂质量应符合混凝土外加剂质量标准。外加剂在使用时，多配制溶液对溶液的浓度，试验室负责检定，溶液筒（池）必须装用搅拌设备，以保证溶液浓度均匀。

2）商品混凝土配合比设计：

① 运输时间和外界因素变化等对混凝土坍落度的影响：满足泵送施工时对骨料粒径、级配、水泥用量和坍落度的要求。甲供剂（料）的质量和掺量对施工和易性、混凝土强度等性能的影响。外加剂掺加时间和方法对混凝土性能的影响。

② 配合比设计前应掌握的资料要求：工程特征，混凝土强度等级和抗渗等级要求，施工工艺对原材料的要求，对混凝土和易性的要求，对混凝土强度标准和强度保证的要求。

③ 根据设计要求，本工程清水混凝土配合比如下表1～表3。

上海浦新预拌混凝土有限公司　混凝土强度等级 C30　每立方混凝土水泥用量 296kg

配合比　　　　　　　　　　　　　　　表1

材料	水泥	水	砂	石	外掺料	外掺剂
品种	Po42.5		S	G5—25	GF	P621
配合比	1.00	0.50	2.72	3.54	0.24	0.0045

上海浦新预拌混凝土有限公司 混凝土强度等级C40 每立方混凝土水泥用量352kg

配合比 表2

材料	水泥	水	砂	石	外掺料	外掺剂
品种	Po42.5		S	G5－25	GF	P621
配合比	1.00	0.52	2.07	2.98	0.24	0.0045

上海外高桥预拌混凝土站有限公司 混凝土强度等级C40 每立方混凝土水泥用量（kg）

配合比 表3

材料	水泥	水	砂	石	外掺料		外掺剂
品种	Po42.5		S	G5－31.5	F	S95	XP－4
用量(kg)	350	145	732	1046	51	61	2.46

3）商品混凝土的搅拌与运输。

商品混凝土搅拌全部实行自动化操作流程，运输采用专用搅拌运输车运送到施工现场，搅拌站派专人在施工现场负责，保证商品混凝土正常供应，发现问题及时通知搅拌站，并且能随时有针对性地调整混凝土坍落度，控制混凝土在泵送过程中能顺利进行且不影响其质量。

4）混凝土的泵送：

① 工程从基础开始到结构封顶均采用混凝土输送泵进行泵送，因承台浇捣是按轴线间隔施工，汽车泵可进入施工区域对承台进行直接浇捣，选用36m长汽车泵进行泵送，减少泵车移位所需的时间。

② 在楼层浇捣时，按设计要求，划分施工段，由于一次性浇捣面积大（4000m²），配备4部泵车（二台汽车泵和二台固定泵），另准备1辆28m汽车泵作为备用泵，在浇捣过程中从一方向同步推进。泵管搭设采用独立支撑系统，不得与脚手架相连，楼层上泵管位置应在楼层1.17m框架梁上使用包以麻袋的马凳

托起。在人员配备上确定以项目经理为总指挥的各级负责管理体系，确保混凝土浇捣过程按计划、有保障地组织施工，为后续的非金属耐磨地面的磨光做铺垫。

（2）塑料模壳密肋板与脚手架支撑系统的技术

本工程平面呈矩形布置，东西方向为100m，南北方向为62m。作业平台上采用钢网架架空。一层至四层主体工程为钢筋混凝土框架结构，跨度分别为东西向10m/跨，南北向10m/跨和6m/跨，基础为独立桩承台基础；一层楼面标高为6.5m，二层至四层楼面标高为5m，楼面、屋面内框架为无粘结预应力后张法钢筋混凝土双向密肋楼板，楼面和屋面肋梁高0.5m，肋梁规格共四种，分别为0.175m、0.475m、0.975m、1.175m宽，板厚为0.1m，作业平台处板厚为0.2m，四周边梁为非预应力框架梁，截面尺寸为400mm×950mm，联带375mm×500mm的板肋梁。

选用塑料模壳作为肋梁、楼板的模板，适用于大柱网、大空间建筑，效果较好，质量可靠。

1）工艺要求。

该工程内部梁、柱、板结构不粉刷，在工艺上要求梁、板、柱接缝平整，自成一体。尤其是塑料模壳、木模板、钢龙骨、木龙骨的铺设工艺要求比较高。从搭内排架开始就要严格控制轴线和标高，这样才能保证各种材料和工具的铺设要求达到质量要求。内排架完成后再根据轴线、标高控制主方向（东西向）肋梁及钢龙骨的铺设和次方向肋梁（南北向）木龙骨的铺设。铺设龙骨和肋梁底板时要注意标高，以免以后造成返工。

2）质量要求。

质量标准为优质结构，达到清水混凝土要求，所以在各个具体施工环节上，采取精心施工，严格按规范和施工工艺要求操作。在柱子顶和楼板交接处、塑料模壳和肋梁板交接处、柱帽和四周肋梁交接处制定相应的施工方案，并采取上道工序自检、专检验收合格后才进行下一道工序施工。从管理到操作形成一个强有力的质量组织体系,确保工程质量达"市优质结构"。

3)进度要求。

该工程于2002年4月1日开工,2003年3月交付使用。其中主体结构要求自5月30日到10月20日封顶,工期要求较紧。

4)方案确定。

根据质量、施工工艺、进度要求,在制定主体结构施工方案时,重点考虑到内排架、肋梁、柱帽、龙骨、模壳等各个工序之间的流水作业,要求一次到位,尽量不返工、窝工,才能满足要求。按施工工艺要求,确定采取满堂排架搭设方案。作业时必须在统一指挥下,严格按照铺垫板——放线——标定主杆位置——搭架进行,这样才能保证排架上方的龙骨和肋梁底板轴线误差在规范允许范围内。同时可利用排架的轴线定位肋梁板,减少大跨度、大面积放线的误差。满堂脚手架完工后即可铺设肋梁板——固定龙骨——安装模壳等工序作业。由于在搭排架时已铺好板,放好轴线,在柱上弹出标高,故可直接用线锤吊轴线和用尺拉标高来铺放肋梁和安装龙骨。在整个作业过程中采用流水作业,即搭排架、铺板、龙骨、安放模壳循环进行。一般要求在四跨(40m)一流水作业,这样便于保证进度,控制轴线和标高,减少不必要的人力、物力的投入。该工程在东西向62m处设一施工缝,材料计划用量、劳动力安排等以此为依据。由于是后张法无粘结预应力工艺,根据设计要求,在楼板混凝土强度达到C35时才能张拉,所以在排架钢管、龙骨、模板、模壳备料时预计一层半。

考虑到大跨度、大面积施工,要求工人人数控制在150人/d左右,高峰时在200人/d左右,才能满足施工作业进度安排要求。结合材料进场到位情况,初步估计在10月中旬可完成1~4层的结构封顶,经分析比较和方案优化,东西方向采用钢龙骨,南北方向采用木龙骨,梁板和龙骨下一律采用50mm×83mm和50mm×95mm木方作垫衬横楞,内排架一层采用一根4.6m钢管和一根1.8m钢管连接,二至四层采用一根3.6m长和1.8m

长钢管连接。水平横杆一律采用6m钢管连接,同时要求在每根大肋梁(宽1.075m和0.975m)底加设剪刀撑,以保证架体的稳定性。一层层高为6.5m,根据计算,要求水平杆连接四道(包括扫地杆);二层至四层层高为5m,要求水平杆连接三道(包括扫地杆)。排架主杆采取在1.075m宽和0.975m宽梁底立双杆,0.375m宽梁底立单杆。

为保证施工工艺要求和避免模壳与龙骨、模块与木模板之间接缝不严密,在铺设符合要求后用高强度弹性腻子刮缝修补,既可防止漏浆,也可保证塑料(模壳)和钢(龙骨)以及木(模板、龙骨)之间的有效连接,使之连成整体,提高拼缝质量,满足工艺要求。

5) 实施过程控制、检查、验收。

① 塑料模壳质量要求:

a. 模壳外形尺寸标准:允许偏差0~2mm。

b. 模壳外表面要求平整光滑,不平整度允许偏差2mm。

c. 模壳垂直变形允许偏差为±4mm,侧向变形允许偏差±2mm。

d. 模壳支设验收标准见表4。

支设验收标准　　　　　　　　表4

序号	项目	允许偏差(mm)	检验方法
1	表面平整度	5	用2m直尺和塞尺
2	截面尺寸	+2,-5	用尺
3	相邻两板表面高低差	2	用尺

② 脚手架的搭设作业:必须在统一指挥下,严格按照以下规定程序进行:

a. 在脚手架搭设之前,须对进场的脚手架杆、配件进行严格的检查,禁止使用规格和质量不合格的架杆和配件。

b. 按方案设计要求放线,铺垫板,设置底座和标定主杆位置。

c. 按定位依次竖起立杆,将立杆与纵、横向扫地杆连接固定,然后装设第一步的纵向和横向平杆,校正立杆垂直后予以固定。

d. 在搭设中不得随意改变构架设计,减少杆件、配件设置和对立杆纵距加大。如确需要应提交技术主管人员解决,因此在搭设中作为重点检查控制。

e. 底层排架立杆必须在密实、稳定的地基上。立杆下垫 5cm×20cm 的厚木板,木板下加铺瓜子片石塞缝孔,保证木板受力均匀。排架搭设前应弹出排架线,定出轴线桩并拉通线控制。搭设时,严格按排架详图要求操作。特别是钢龙骨下排架搭设垂直要求不能偏差超过 10mm,否则容易造成钢龙骨偏位,使模壳无法准确安放。搭设时用 5cm×30cm 木板做工作跳板。离肋底最近的水平牵杆,在塑料模壳安装前铺满竹笆,作为操作面。剪刀撑在轴线位置设置,间距不大于 6m。

f. 塑料模壳铺设控制。支承模板应起拱,按柱网中心起拱值按跨度(短跨)的 2‰,柱上主肋梁为跨度的 1‰进行。排架搭设时应严格控制标高,以满足起拱度的要求。

g. 塑料模壳的排列原则。在一个柱网内应由中间向两端排放,切忌由一端向另一端排放,以免出现两端边肋不等的现象。凡不能使用塑料模壳的地方,可用木模补嵌。

h. 梁底模拼装控制。首先铺设 1.175m、0.975m 宽和外框架梁底模,就位校正后在梁底板上用铅笔划出 0.475m、0.175m 宽梁位置线,复验无误后就位该梁底模,再整体复验无误后,即可进行龙骨安装。

i. 龙骨安装。待梁底模拼装就位无误后,开始安装龙骨。先从东西方向开始铺放,钢龙骨就位前要先把连接角模用万能销连接好,一条轴线内钢龙骨应一次拉线校正。对于偏位立杆钢管,松开扣件,将立杆钢管移转到线位上再将扣件紧固,复验无误即可安装铺放塑料模壳。塑料模壳安装铺放的同时安装南北向木龙骨,二者边安装边校正累计误差。一条轴线内全部完成后再进行综合复验，复验无误达到标准即可对梁底板与模壳、龙骨与模壳接缝处用高强度弹性腻子进行批嵌，批嵌如不光洁可用砂皮纸磨光，清理洁净后涂刷脱模剂，交下道工序施工。

（3）异形柱帽钢模板的设计与应用

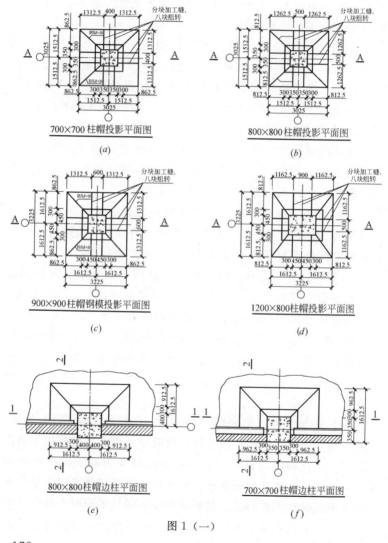

图 1（一）

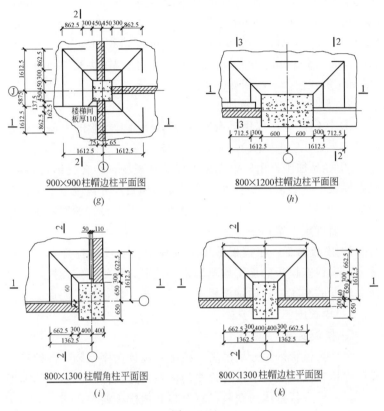

图 1（二）

建筑结构为 10m×10m 的框架柱网，柱子尺寸为 900mm×900mm、800mm×800mm、1200mm×800mm、1300mm×800mm、700mm×700mm 等型号，楼板为密肋型楼盖，每楼层柱顶为折线形柱帽。针对楼层高、柱截面尺寸大、柱帽复杂的特点，结合工程实际情况，经分析比较与方案优化，采用模板一体化，柱模全部采用钢模板。

1）异形柱帽钢模板设计。

根据设计提供的示意图，柱帽第一曲面与水平成 45°，第二曲面结合密肋楼板实际尺寸确定；第一曲面和第二曲面的垂直高度均为 300mm。设计的柱帽钢模板规格为 900mm×900mm、800mm×800mm、700mm×700mm、1200mm×800mm 中柱帽；800mm×800mm、700mm×700mm、1200mm×800mm、1300mm×800mm、900mm×900mm 边柱帽以及 1300mm×800mm 角柱帽。平面图如图 1。

2) 异形柱帽钢模板加工：

① 选定厂家：选用具有多年钢模板加工经验的上海大众模板厂加工；

② 样品加工：由厂家先加工样品到现场，结合柱模板拼装，检查模板的平整度、平直度、水平度、模板尺寸以及上、下对角线偏差及连接件、回形卡等的牢固程度。符合设计意图和满足施工工艺后确定方案；

③ 模板加工：在模板的加工过程中，项目部有关人员应经常去厂家检查模板的加工质量和进展情况，做到提前预控，以保证以后的顺利实施柱帽钢模板的施工工艺，保证施工质量。

3) 模板施工：

① 模板安装。

钢柱帽模板采用分块吊装，按配板设计循序组装，待预装完成后先检查模板上、下口对角线的偏差及连接件、回形卡的牢固程度，最后进行整体的调整，直至与其他模板相吻合。

② 安装质量要求：

a. 组装的模板必须符合施工设计的要求。

b. 各种连接件、加固配件必须安装牢固，无松动现象，模板拼缝严密。

c. 安装允许偏差（现浇结构）见表 5。

③ 模板的拆除：

a. 模板拆除，应保证混凝土表面及棱角不受损坏。

b. 模板拆除的顺序和方法，应按照配板设计的规定进行，拆模时应用钢丝穿过模板中肋拆模孔，依靠排架作支撑缓缓降下，保证模板不变形。

安装允许偏差　　　　　　　　　表5

序号	项目		允许偏差(mm)
1	轴线位置		5
2	底模上表面标高		±5
3	截面内部尺寸	基础	±10
4		柱、墙、梁	+4,-5
5	层高垂直	全高≤5m	6
6		全高≥5m	8
7	相邻两板表面高低差		2
8	表面平整(2m长度上)		5

c. 拆下的模板，应及时按规格清理堆放，涂刷好隔离剂，以备用或下次周转。

（4）塑料定位件的应用

目前，在钢筋混凝土施工中，钢筋保护层一般用砂浆垫块，由于砂浆垫块质量难以保证，安放困难，钢丝绑扎不紧。不可靠，封模板时易脱落和偏位及压碎，插入式振动器振动时大部分脱落和移位，容易造成露筋，影响钢筋混凝土的质量，在以后的使用中造成钢筋锈蚀，影响使用安全和寿命。

因此本工程的钢筋保护层垫块采用塑料定位件，来保证工程质量不受影响。根据各构件所要求垫块的不一致，平板、壳模垫块采用T-8-10型塑料定位件，梁采用H-10-40型塑料定位件，楼板马凳垫块采用H-10-80型塑料定位件。

（5）新型高强弹性腻子的应用

本工程模板用量大、规格多，木模、钢模以及塑料模壳混合使用，难以保证模板的拼缝严密，进而影响了拼模质量，采用传统的水泥、石膏、胶合剂拌合嵌缝，在高温施工时间长的条件下容易干裂，使拼缝不严密。而高强弹性腻子，具有粘结性强、延伸率高、富弹性等特点，从而有效地批嵌模板缝隙，加快了施工进度，保证了混凝土浇捣质量。

(6) 新型非金属耐磨骨料地面施工工艺

该物转中心为立体拆装箱仓库，库内荷载较大（$2t/m^2$），而且库内主要的作业机械为铲车，铲车的作业频繁部位，地坪极易起砂、裂缝，造成车辆行驶时灰尘多，作业条件恶劣，致使后期的维修保养费用大。因此对楼地面的耐磨要求高。经多方论证与考察对比，同时提请业主、设计院等有关单位共同认可。确定采用非金属耐磨骨料与普通混凝土一次成型的新技术。

1) 非金属耐磨骨料原理。

非金属耐磨骨料是一种即时可用的含特殊矿物骨料耐磨地面材料，将其均匀地撒布在即将初凝阶段的基层混凝土表面，经专门手段加工，从而使其与混凝土地面形成一个整体，成为具有高效致密性和着色的高性能耐磨地面。

2) 非金属耐磨骨料的特点：

① 耐久性：非金属耐磨骨料适用于各类有耐磨要求的混凝土地面，其耐磨性是普通混凝土地面的数倍且抗压强度大，可以使混凝土表层强度达到C70，耐集中荷载。

② 抗裂性：由于工程楼板厚度小，楼面钢筋保护层较小，且楼板混凝土采用商品混凝土浇筑，表层浆水较多；加之采用无粘结预应力技术，为满足工期要求，必须保证混凝土浇筑10d后强度达到C35，因此须提高混凝土强度等级，从而产生裂缝的可能性较大，影响建筑物的使用年限。非金属耐磨骨料掺加入普通混凝土，可以极大地改善普通混凝土表面开裂的情况，提高建筑物的使用年限。

③ 防尘性：由于获得了致密且高强度的地面，因而不产生灰尘，避免了生产工厂、制品材料仓库、室内仓储区等的灰尘污染。

④ 表面致密：由于非金属耐磨骨料地面非常致密且吸水性极小，所以可以最大限度地阻止机油或油脂类的侵蚀渗透。

⑤ 清扫简单：非金属耐磨骨料是一种耐磨性优异的材料，表面光洁，不易污染，清扫简单，管理费用低微。

⑥ 经济性：由于非金属耐磨骨料型地面具有以上优异的特性，避免了普通混凝土地面不耐磨损，及因修补而需中断作业场所通路等弊病，从而大幅度提高作业场所和仓库的有效利用率，经济性得到最佳发挥。

3）楼面施工。

① 施工准备：

a. 由于混凝土一次性浇捣面积较大（4000m²），配备20台抹平机和专业操作工人（35～40人），做到材料、设备提前3天进场。

b. 骨料应有质保证书，进场后经检查验收后方可使用。机械进场应有产品合格证，经过试车检查后方可使用，并配备一定数量的备用机械，以保证施工顺利。

c. 混凝土浇捣时，机械及材料应提前搬运至施工楼层并堆放在指定位置，材料应采取防水、防潮措施。

② 施工顺序：

铝合金刮尺刮平→机械镘磨平→撒材→机械镘压实、磨光→养护→成品保护。

③ 施工方法：

a. 混凝土浇捣时，应严格按要求控制楼面标高。

b. 在混凝土浇捣过程中，应特别留意模板边缘和阴角处的混凝土的干湿情况，确保初凝混凝土及时进行耐磨面层的施工。

c. 当混凝土开始初凝时，根据现场情况选定合适时间对混凝土进行去除浮浆作业，使用加装圆盘的机械镘（模板及柱边缘使用木镘），均匀地将混凝土表面的浮浆层破坏掉。

d. 当混凝土初凝至一定阶段，将 2/3 非金属耐磨骨料均匀撒布在混凝土表面，待非金属耐磨骨料吸收一定水分后，进行加装圆盘的机械镘作业，横向、纵向按序各打磨一次。应特别留意模板边缘和阴角处的混凝土的干湿情况，对已初凝的混凝土必须提早进行耐磨面层施工。

e. 当非金属耐磨骨料硬化至一定阶段，进行第二次撒布作业，用量是 1/3，撒布均匀，控制表面颜色均匀一致。

f. 待非金属耐磨骨料充分吸收水分后，再进行至少二次加装圆盘的机械镘作业，机械镘作业纵横交错进行。

g. 随着混凝土的不断硬化，放下圆盘，用机械镘刀进行压实、压光、抹平工作。机械镘刀的运转速度和地面的角度变化随着耐磨面层的硬化情况不断调整。

h. 用机械镘刀对耐磨面层进行压实、磨光作业。纵横向交错进行。

i. 在耐磨面层硬化的不同阶段。重复以上 g、h 步骤至少三次，以获得初步平整、光洁的表面效果。

j. 耐磨面层最终由专业耐磨地坪手用铁板加工而成，达到表面平整、致密、坚硬、颜色均匀一致的完整效果。

④ 成品保护：

a. 耐磨材料面层完成后的 12~24h 以内，采用在其表面涂敷二度养护剂的方法进行养护，以防止其表面水分的剧烈蒸发，保证耐磨材料强度的稳定增长。

b. 在涂敷养护剂到 1h 以后，使用塑料薄膜将楼层面全部严密覆盖，防止水分的散失，上部再覆盖土工布，浇水养护及降温。

c. 混凝土养护工作时，操作人员应穿软底鞋作业。

四、施工图片

施工图片见图 2。

层面聚氨酯硬泡体喷涂

(a)

施工现场鸟瞰

(b)

满堂排架支撑系统

(c)

塑料钢筋定位件

(d)

钢筋冷挤压

(e)

钢筋冷挤压平成品

(f)

图 2 (一)

图 2（二）

案例八　北京金汉王望京生产厂房工程

项目名称：北京金汉王望京生产厂房工程
完成单位：中建一局（集团）五公司
编制人：吴学军　徐　浩

一、工程概况

1. 项目基本情况

北京金汉王望京生产厂房工程位于北京市朝阳区望京新兴产业开发区 7 号地，工程占地面积 $19950m^2$，建筑面积 $24718m^2$，由连接在一起的主楼和配楼两部分组成。

主楼主要功能为电子装配厂房，地上 5 层，无地下室，檐高 24m。框架结构，$10m×10m$ 柱距（跨度），主梁的主要规格为 $400mm×700mm$，次梁的主要规格为 $300mm×600mm$，每跨主梁间有两道次梁，纵横相交的梁形成净空 $3m×3m$ 的梁格。柱子主要规格为 $800mm×800mm$。梁柱接头的形式比较单一，对梁柱接头模板的制作，保证该部位清水混凝土效果比较有利。

配楼主要为配套设施及辅助用房，地下一层，地上三层，檐高 15.4m，框架剪力墙结构。

抗震等级：剪力墙Ⅰ级，框架Ⅱ级。

为了突出整个工程的清水效果，将原设计的混水内隔墙改为清水内隔墙，清水混凝土框架结构的内隔墙全部采用构件场预制的表面平整光洁的清水小型混凝土空心砌块为内隔墙，清水内隔墙砌筑工程量约 $1500m^3$。

2. 工程获奖情况

(1) 获中建一局集团 2003 年度科技进步二等奖；
(2) 获中建总公司 2003 年度科技进步三等奖；

(3) 通过中建一局集团 2003 年度科技示范工程验收；
(4) 获 2002 年度北京市结构长城杯金质奖。

二、清水内隔墙概况

1. 清水内隔墙应用部位

工程主、配楼的±0.00 以上所有内隔墙、非清水混凝土结构部位的内隔墙以及所有外墙的内层。

2. 清水内隔墙的砌筑面积

清水砌筑内隔墙共约 1500m³，砌筑总面积共约 7900m²。

3. 清水内隔墙的实施效果

金汉王望京生产厂房的清水内隔墙色差基本一致，与清水混凝土结构比较协调。箱、盒盖板留设整齐，砌体工程的构造要求得到有效隐藏，整个清水砌筑内隔墙的视觉效果达到预期目标。

三、清水内隔墙施工过程介绍

1. 清水内隔墙的施工过程策划

3.1.1 充分进行市场调查和针对工程特性分析论证

（1）据了解，国内目前在工程中全部采用小型混凝土空心砌块砌筑清水内隔墙，几乎没有先例，砌体表观质量难于达到高质量的清水砌体的要求。目前市场上质量较好的混凝土小型空心砌块基本由美国设备贝赛尔（BESSER）V_3-12 和哥伦比亚 1600 型砌块生产线生产，砌体强度、几何尺寸等多方面质量均较好，但表观质量难以达到清水砌体的要求。即使采用新型模具生产，或对市场上的砌体进行一定的表面处理，效果也不理想（图1）。

（2）另外还有模数问题、专业管线错综复杂的穿插和箱盒镶嵌问题等诸多因素，无一不影响清水砌体工程的质量见图2、图3。

（3）砌筑墙体圈梁、过梁、构造柱既要隐藏又务必保证砌体抗震构造要求，确保安全使用，尤其是大跨度门窗洞口，表观要

图 1 小型空心砌块

（a）甲厂砌块；（b）乙厂砌块；（c）丙厂改用新模具的机制砌块；（d）表面刮浆的机制砌块；（e）表面磨光的机制砌块；（f）试制的预制砌块

注：图中（a）、（b）、（c）、（d）、（e）是对目前建筑市场现有砌块情况的了解及尝试对其表观的进一步改进，对比其效果，（f）是在混凝土预制构件厂试制的预制砌块。

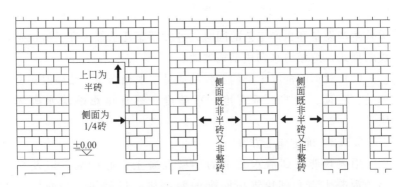

图 2 门洞口边排砖不符合模数的问题，影响清水内隔墙的实施

求与砌体构造要求融为一体难度更大（图 4）。

（4）砌块型式欠缺。因国内基本不砌筑清水内隔墙，故引进

图 3 密集交错且粗细混存的线、盒要被清水内隔墙包藏，难度很大

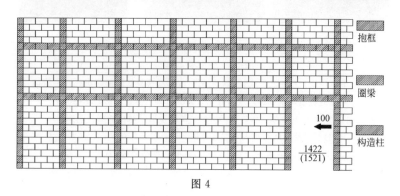

图 4

国外生产设备和生产工艺的同时，各大厂家几乎都舍弃了清水砌块的型式，造成清水砌块型式欠缺。

（5）对钢筋混凝土结构工程的质量要求相当高。结构混凝土跑模、胀模、漏浆、垂直度、平整度、都直接影响清水砌体质量。

3.1.2 确定施工方案

用表观能达到清水要求的小型混凝土空心砌块，以及与小型混凝土空心砌块规格匹配的圈梁块、过梁块、贴面块等型式的辅助砌块，按照清水砌筑的标准和砌筑普通混凝土空心砌块的基本方法，把砌筑工程的圈梁、过梁、构造柱、抱框等砌体抗震构造要求巧妙地隐藏在砌体工程中，并解决好线、盒镶嵌的问题，将砌筑工程的表观质量与构造要求、专业工程的施工融为一体，既保证砌筑工程的使用功能，又兼有很好的装饰效果。

3.1.3 排砖撂底、确定清水砌块制作方案

试生产，根据工程实际情况，首先对每道隔墙逐一认真排砖，全面找问题，针对各个问题——想对策。同时，考察了多个生产机制小型混凝土空心砌块的厂家，确信找不到符合内墙清水表观要求的清水砌块后，最终采取了精选预制厂定型制作清水混凝土空心砌块的办法。

2. 主要施工方法

3.2.1 砖型设计：

根据不同部位，设计了不同的砖型。包括用于大面，2条面光的 390mm×190mm×190mm 的整砌块（倒角）；用于转角面，2条面光的 190mm×190mm×190mm＋1平、光顶面的半砌块；用于门窗洞上口，2条面光 390mm×190mm×190mm＋1铺浆面（底面）光的圈梁砖。

3.2.2 构造处理

经过设计计算，明确了各种情况的构造要求。

1. 圈梁

根据层高，设两道圈梁，第一道在建筑 2m 线位置或门洞上口位置，第二道在梁底或板底下一皮砖的位置。

2. 洞口过梁

做法，见表1。

洞口过梁做法　　　　　　　　　表1

洞口尺寸	过梁截面	进支座长度
≤1200mm	140mm×170mm(宽×高)(一皮砖高)	200mm
1200mm＜且≤2000mm	140mm×370mm(宽×高)(二皮砖高)	400mm
＞2000mm	140mm×570mm(宽×高)(三皮砖高)	400mm

3. 内墙芯柱灌注的个（孔）数

见表2。

内墙芯柱灌注的个（孔）数　　　　　表 2

部　位	设置间距	灌孔数	芯柱钢筋
大面（无门窗洞口相隔）	@1800 设芯柱	1 孔 (140mm×140mm)	1φ12/孔
丁字墙处		2 孔	1φ12/孔
拐角墙处		2 孔	1φ12/孔
与幕墙相接的悬臂墙		2 孔	1φ12/孔
门窗洞口	≤1200mm	1 孔	1φ12/孔
	1200mm＜且≤2000mm	2 孔	1φ12/孔
	＞2000mm	2 孔	1φ12/孔

把砌体的构造要求，通过特殊砖型的设计，恰当地隐含在砌体中，从外表看，可视面都是砌块，但芯柱，圈梁或过梁全都得以实施又含而不露。

4. 大跨度门窗洞口的处理

大跨度门窗洞口处理，专门预制一种过梁砖。砌筑时，待大面砖砌完门上口的第一道圈梁后，把第二三层过梁砖比大面先砌筑到设计标高，穿钢筋，绑扎成型，再把过梁和圈梁一次整浇混凝土，以免过梁和圈梁分两次浇注而不利于整体受力。过梁较高不好绑扎的，可把箍筋先做成开口 U 形箍，就位后二次成型并加焊搭接部位。

3.2.3　穿（嵌）墙件处理

镶嵌在墙上的电盒、闸箱宜根据清水砌块的模数和厚度经过精心设计，单独定做，既满足功能又满足美观的要求。

穿墙管道尽量采取墙体砌筑成型后用水钻钻孔穿管的方法。钻孔要圆，和管道位置对中，不能伤害周边墙体，不能污染周边墙体，更不能二次开孔。

四、社会效益

金汉王望京生产厂房工程可以说是一个清水系列的工程，除了清水内隔墙砌筑以外，在工程中还实行了清水混凝土、不吊顶的专业管线施工、清水混凝土外挂板等其他施工项目。通过大力开展"四新"科技的推广应用和创新活动，清水混凝土施工、清水内隔墙施工等多项应用、创新技术为工程赢得了较好的社会效益。针对该工程清水混凝土的特色，完成清水内隔墙施工技术和清水混凝土模板技术等技术总结12篇、工法1篇、工艺标准1篇，并且参加了中建总公司组织的清水混凝土施工工艺标准的编制。其中，《清水混凝土在我国的应用现状和发展前景》的论文获中建总公司首届科技论文年会优秀奖、北京市第七届工业企业优秀论文二等奖；《清水砌筑内隔墙施工技术》获中建一局集团2003年优秀科技论文二等奖。

该工程清水混凝土的施工创出了一流的质量，加上一流的现场管理，在2002年北京市结构"长城杯"评比中荣获金质奖。2003年春节前，北京市常务副市长还专程考察了金汉王望京生产厂房工程。在接待参观团的同时，工程自始至终良好的工况给公司提供了一个业主考察的优秀平台，取得了良好的社会效益。